Die Montage von Stahlbauten

Von

Dr.-Ing. e. h. E. Schellewald

Mit 106 Textabbildungen

Berlin

Verlag von Julius Springer

1938

ISBN-13: 978-3-642-90346-5   e-ISBN-13: 978-3-642-92203-9
DOI: 10.1007/ 978-3-642-92203-9

Vorwort.

An Veröffentlichungen, die sich mit der Montage von Stahlbauten befassen, mangelt es keineswegs; sie sind jedoch im Schrifttum weit zerstreut; dem im Beruf stehenden und vor allem dem jungen Ingenieur fehlt die Zeit und die Gelegenheit sie kennenzulernen und aus ihnen Nutzen zu ziehen.

So entstand auf eine Anregung von Herrn Dr.-Ing. Professor Eiselin in Danzig dieses Buch, das sich seiner Natur nach auf das Wesentliche und Richtunggebende der Montagetechnik beschränkt und nicht den Anspruch erhebt, das so umfangreiche Gebiet der Montage voll auszuschöpfen. Es ist nicht nur für den Montageingenieur bestimmt, es gibt darüber hinaus dem entwerfenden Ingenieur und dem Konstrukteur vielerlei Anregungen und manche wissenswerte Aufklärungen über die Forderungen, welche erfüllt werden müssen, wenn die Kosten der Montagen sich im wirtschaftlich tragbaren Rahmen bewegen sollen.

Der letzte Abschnitt des Buches behandelt die Montagekosten; die heute noch vielfach übliche Art der Veranschlagung der sächlichen Kosten und der Löhne und ferner die Überwachung der Ausgaben während der Ausführung stehen ohne Zweifel nicht immer im Einklang mit den Anschauungen der neuzeitlichen Betriebsführung, eine kurze Besprechung der auf der Baustelle maßgebenden Kostenarten und ihrer Verrechnung ist daher angebracht.

Es hätte nahegelegen, Angaben über die Höhe der Löhne und anderer Aufwendungen für die Montage bestimmter Bauwerksgruppen in die Erörterungen einzuflechten, jedoch ist bewußt davon abgesehen worden; die in einigen wenigen Fällen genannten Zahlen sind willkürlich gegriffen und dürfen, das sei ausdrücklich betont, nicht als maßgebend angesehen werden.

Der Deutsche Stahlbauverband und seine Mitglieder haben mich bei meiner Arbeit weitgehend unterstützt, auch erhielt ich von befreundeter Seite manche Anregung; ich verfehle nicht, für die wertvolle Hilfe meinen verbindlichsten Dank auszusprechen.

Berlin, im Oktober 1938.   Schellewald.

Inhaltsverzeichnis.

Allgemeines.

Der Stahlbau, diese Bezeichnung, die sich seit einigen Jahren eingebürgert hat, wird beibehalten, führt seinen Ursprung auf den Beginn des vorigen Jahrhunderts zurück. Zuerst entwickelte sich sein Teilgebiet, der Brückenbau; es wurde durch die Bedürfnisse der Eisenbahnen und später durch den Straßenbau kräftig angeregt und gefördert. Sein zweites Teilgebiet, der Hochbau, blieb vorderhand von geringer Bedeutung. Die Länder mit leistungsfähigen Hütten- und Walzwerkindustrien wie England und anschließend Belgien gewannen anfänglich anderen Ländern gegenüber einen beträchtlichen Vorsprung. Dessen ungeachtet stellte sich Deutschland zeitig auf eigene Füße. Es unternahm frühzeitig den Bau von Brücken auch größerer Stützweiten; erinnert wird an die Rheinbrücken in Köln. Die Ausführung lag zumeist in den Händen der Maschinenfabriken, da das Feld für reine Stahlbauanstalten anfangs nicht ergiebig genug war; sie entstanden erst in späterer Zeit.

Das Aufblühen des Stahlbaues zu seiner heutigen Größe setzte in den letzten Jahrzehnten des vorigen Jahrhunderts ein, als das Erstarken der heimischen Hütten- und Walzwerke Deutschland von dem Bezug der Baustoffe aus dem Ausland befreite und als nach der Gründung des Deutschen Reiches das Eisenbahnnetz weitgehend erweitert wurde. Nicht nur dem Brückenbau, auch dem Hochbau erwuchsen damals große Aufgaben, galt es doch, die großen Bahnhöfe in Berlin, Frankfurt a. M. usw. mit weitgespannten Hallen zu überdachen. Die beispiellosen Fortschritte der Elektrotechnik gegen Ausgang des Jahrhunderts kamen insbesondere dem Hochbau durch ihren großen Bedarf an Kraftwerken, Werkstätten, Masten und Türmen für die Überlandleitungen zugute, sodann steigerte die von ihr ausgehende Umwälzung der Fabrikationstechnik das Bedürfnis der gesamten Industrie an Hochbauten aller Art in einem ungeahnten Maße. So erreichte der Stahlbau vor dem Weltkriege seine erste hohe Blüte, die zwar den Krieg noch einige Jahre überdauerte, aber nach einem kurzen Aufflackern verdorrte. Durch die Ungunst der Verhältnisse wurden selbst alte Werke von Weltruf dem Untergang geweiht; erst das neue Reich erweckte den Stahlbau wieder zu kräftigem Leben.

Im Laufe der Zeit hat die Werkstatt- und Montagetechnik manche Wandlung erfahren, zwar sind die Arbeitsvorgänge in der Werkstatt, das Richten, Ablängen, Hobeln, Sägen, Fräsen, Bohren, Aufreiben, Nieten usw. in ihren Grundzügen erhalten geblieben, jedoch konnten sie wirtschaftlicher gestaltet werden; die Güte der Arbeit wurde gesteigert. Hochwertige Bearbeitungsmaschinen mit elektrischem Einzelantrieb, hochwertige Werkzeuge, die Ausrüstung der Werkstätten mit Laufkranen, der Ausbau der Werkstatteinrichtungen, die Einführung der Preßluftnietung, das Verlegen der Zulagen aus dem Freien in geschlossene Hallen usw. kennzeichnen die Umstellung. Die neuzeitliche Betriebsführung mit ihrem Ziel, die menschliche Arbeitskraft bei gleichzeitiger Steigerung der Leistung zu schonen und zu erhalten und eine gerechte Entlohnung zu sichern, bürgert sich mehr und mehr ein. Das Ergebnis der vielseitigen Verbesserungen ist unverkennbar und unbestreitbar.

Welche Bedeutung die Verdrängung der Nietung durch die Schweißung in der Zukunft gewinnen wird, läßt sich zur Stunde nicht übersehen, immerhin hat das Schweißen zu manchen grundlegenden Änderungen in der Werkstatt geführt und die Baustelle vor neue Aufgaben gestellt.

Die Umwälzungen auf der Baustelle setzten später und langsamer ein wie
in der Werkstatt, sie sind aber von größerer und einschneidenderer Wirkung
begleitet. Noch um die Jahrhundertwende war der Handbetrieb auf der Baustelle vorherrschend. Der Druck aus der wachsenden Größe der Bauten und
aus den sich mehrenden Schwierigkeiten der Aufstellungsarbeiten ebnete dem
Maschinenbetrieb auf der Baustelle den Weg zunächst mit dem Preßluftbetrieb
und anschließend mit dem Kraftantrieb für Krane und Hebezeuge; gleichzeitig wurde der bewährte Standbaum aus Holz durch den Schwenkmast und
den Portalkran aus Stahl mit ihren mannigfaltigen Abarten abgelöst.

Als Kraftquelle diente zunächst die Dampfmaschine, später der Elektro-
motor und in der Neuzeit der Leichtöl- und Schwerölmotor. Das Aufstellen

Abb. 1. Brückenmontage in den Jahren 1871/72.

eines größeren Stahlbaues ohne Verwendung von Maschinen ist heute kaum
vorstellbar, nur auf kleinen Baustellen ist die alte Arbeitsweise erhalten geblieben.

Der Bau der Warthabrücke im Jahre 1871/72 (Abb. 1), vermittelt eine recht
anschauliche Vorstellung vom Leben und Treiben auf einer Baustelle vor nunmehr 65 Jahren. Vertieft man sich in die Einzelheiten, so fällt die Größe der
Belegschaft, etwa 30 Köpfe, auf. Hebezeuge sind nicht zu erblicken; dies gibt
der Vermutung Raum, daß die Pfosten, Diagonalen und die Obergurte der
23 m spannenden Hauptträger von der auf der leichten Bühne im Hintergrund
stehenden Mannschaft mit Seilen hochgezogen und eingebaut wurden; die
Brechstangen in ihren Händen dürften das alleinige Einbaugerät der Baustelle
gewesen sein. Die Nietmannschaft am linken Hauptträger der vorderen Brücke
besteht aus dem Nietenwärmer nebst jugendlichem Helfer, zwei Vorhältern,
dem Nieter und anscheinend drei Zuschlägern; im Vordergrund ist recht man
mit dem Aufreiben von Löchern beschäftigt.

Das Bild ist dem Vergessenwerden entrissen worden, um zu zeigen, mit
welchen einfachen Geräten und Werkzeugen unsere Vorgänger sich auf der

Baustelle begnügt haben. Es gibt uns einen gewissen Anhalt über den damaligen Stand der Montagetechnik. Wir müssen jener Ingenieure — ihre Namen sind verschollen — mit Achtung gedenken, die in dieser Zeit mit den allereinfachsten Mitteln die Überbrückungen unserer großen Ströme und Hochbauten, wie die Ausstellungsrotunde in Wien montiert haben.

Das Hochziehen der Schwedlerkuppel eines Gasbehältergebäudes in Hamburg (Abb. 2), ist fraglos als hervorragende Ingenieurleistung hoch zu bewerten; beachtlich sind die Hebezeuge, sog. Hebeladen, die wir heute kaum den Namen und viel weniger noch ihrer Arbeitsweise nach kennen.

Eine Meisterleistung aus der Frühzeit des Brückenbaues ist das Heben der fertigen Überbauten der Britanniabrücke in England; schon damals verwendete man wie heute noch Ketten aus Flacheisen mit einer Gliedlänge von etwa 2 m und Druckwasser-

pressen von gleicher Hubhöhe. Zur Sicherung der Brücken bei etwaigem Versagen der Pressen oder Reißen der Ketten wurde das Mauerwerk in den für das Heben ausgepaarten Pfeilernischen nach jedem Hub hochgezogen. Die zu überwindende Höhe betrug etwa 30 m, das Gewicht des schwersten Überbaues belief sich auf etwa 1900 t, die Dauer eines Hubes schwankte zwischen 30—40 min[1].

Abb. 2. Hochziehen eines Kuppeldaches mit Hebeladen.

Die Führung der einzelnen Baustellen lag in früheren Zeiten, von Ausnahmen abgesehen, durchgängig in den Händen der Richtmeister, die lediglich durch die Erfahrung geschult, trotz ihrer die höchste Anerkennung verdienenden Leistung im Handwerklichen standen. Auch heute noch können ihnen Bauten bestimmter Art und Größe zur selbständigen Durchführung anvertraut werden. Trotzdem drängen die schon erwähnte Ausdehnung des Maschinenbetriebes auf der Baustelle, der wachsende Umfang der Bauwerke, die neuen Aufstellungsweisen, die besonderen Aufgaben, wie das Verschieben und Einschwimmen von Brücken, das Heben oder Senken derselben usw., die erhöhten Ansprüche an die technischen Kenntnisse und die steigende Verantwortung zur weitgehenden Einschaltung des Ingenieurs in den Montagebetrieb, zumal auch die wirtschaftliche Seite dringend einer schärferen Überwachung wie früher bedarf. Bei wichtigen Bauten ist die ständige Anwesenheit eines Ingenieurs auf der Baustelle geboten. Die Aufsicht durch kürzere oder längere Besuche genügt bei ihnen nicht mehr.

Die Ausbildung geeigneter Ingenieure hat bei den großen Werken schon seit langem eingesetzt, auch hat man eine Trennung zwischen der Werkstatt und Montage vorgenommen und selbständige Montageabteilungen geschaffen, die nicht mehr wie früher der Werkstatt unterstellt sind.

Der Schritt, die Tätigkeitsgebiete der beiden Abteilungen klar gegeneinander abzugrenzen, hebt die Arbeits- und Verantwortungsfreudigkeit; er

---

[1] Der Brückenbau. Handbuch der Ingenieurwissenschaften, Ausgabe 1903, S. 260.

erleichtert ferner — das ist außerordentlich wichtig — die Möglichkeit, die wirtschaftlichen Ergebnisse der Montage richtig zu erfassen.

Die Anforderungen, denen der Montageingenieur genügen muß, sind recht vielseitig; zu ihnen zählen ausreichende Kenntnisse der Festigkeitslehre und Statik, gute Konstruktionspraxis, Erfahrungen im Betrieb der auf den Baustellen gebräuchlichen Maschinen und Verständnis für alle wirtschaftlichen Fragen seines Arbeitsfeldes. Arbeitsfreudigkeit, starkes Pflicht- und Verantwortungsgefühl, Willenskraft, Klarheit im Denken und Handeln, Entschlußfähigkeit, gewandtes, bestimmtes Auftreten, soziales Empfinden, Fähigkeiten zur Menschenführung, Menschenkenntnis und schließlich eine gute Gesundheit sind die notwendigen Eigenschaften.

Einige wichtige Aufgaben mehr allgemeiner Natur werden an dieser Stelle vorweg besprochen.

Die Erziehung und Pflege eines Stammes guter Richtmeister und Facharbeiter, die Förderung befähigter Mitarbeiter durch eine sachgemäße Auswahl der übertragenen Arbeiten, die Erweiterung ihrer Kenntnisse und Fähigkeiten durch den allmählichen Übergang von einfachen leichten Aufgaben zu schwierigeren, das Einflößen eines starken Pflicht- und Verantwortungsgefühls sei die ständige Sorge des Montageingenieurs. Nur eine dauernde persönliche Fühlungnahme mit jedem Einzelnen, eine unablässige Beobachtung der Leistungen, eine gute Kenntnis des Charakters sichern ein zutreffendes Urteil über die Eignung und die Zuverlässigkeit; den richtigen Mann an den richtigen Platz zu stellen ist unerläßlich, Fehlgriffe sind zu leicht von schwerwiegenden Folgen begleitet.

Die Zahl der Unfälle auf der Baustelle ist leider überaus groß, ihre Folgen sind häufig sehr schwer; die Montagebetriebe sind bei den zuständigen Berufsgenossenschaften in die höchsten Gefahrenklassen eingereiht. Es ist eine hohe, sittliche Pflicht des Montageingenieurs, der Unfallverhütung seine größte Aufmerksamkeit im weitesten Umfange zu widmen und mit allen seinen Kräften unermüdlich vorbeugend einzugreifen.

Die Ursachen der hohen Unfallgefahr liegen in der Eigenart des Montagebetriebes begründet, es handelt sich bei ihm nicht um einen Dauerbetrieb wie in einer Werkstatt, mit gleichbleibenden Arbeiten unter unveränderten Bedingungen und bei nur geringem Wechsel in der Belegschaft. Auf der Baustelle bilden zwar die Facharbeiter einen gewissen Kern, der oft auch über die einzelne Baustelle hinaus erhalten bleibt, aber der Zugang und Abgang der übrigen Belegschaft ist ständig im Fluß. Dies in Verbindung mit der Art der Ausrüstung der Baustelle (Geräte, Hebezeuge, Maschinen, Transportanlagen usw.) gibt mit dem Betriebe den Charakter des Behelfsmäßigen mit seinen Schwächen und Unzulänglichkeiten.

Nachteilig ist die unvermeidliche dauernde Umbesetzung der verschiedenen Arbeitsgruppen, zumal die Eignung des Einzelnen für eine bestimmte Arbeit nicht immer sogleich erkannt wird.

Die Hilfsarbeiter, die in der Regel aus der ansässigen Bevölkerung stammen und häufig genug zum ersten Male in ihrem Leben auf einer Baustelle beschäftigt werden, sind mit den Gefahren ihrer Arbeit nicht vertraut; die Facharbeiter, an die Gefahren gewöhnt, unterschätzen sie leicht. Die Gefahrenquellen sind somit zahlreich und doch darf ihre Bekämpfung niemals aussetzen.

Gewiß wird allen Belegschaftsmitgliedern die Befolgung der Unfallverhütungsvorschriften, die jedem zugänglich sind, zur Pflicht gemacht, aber leider lehrt die Erfahrung, daß sie ebensowenig genügend beachtet werden wie der von den Berufsgenossenschaften herausgegebene, mit anschaulichen Bildern ausgestattete Lehrbrief für den Stahlbau. Immer wieder von neuem belehrend einzugreifen, dürfen Montageingenieure und Richtmeister niemals ermüden.

Verstöße sind zu rügen und abzustellen, bei Wiederholungen ist scharf und ohne falsche Rücksichtnahme durchzugreifen.

Jedem einzelnen Belegschaftsmitglied muß eingeprägt werden, daß es nicht nur für sich selbst, sondern auch für alle Arbeitskameraden verantwortlich ist. Die Unfallverhütungsvorschriften und der erwähnte Lehrbrief erfüllen ihren Zweck nur unvollständig, wenn nicht jeder, vom Führer der Baustelle bis zum Führer der kleinsten Arbeitsgruppe aus innerem Gefühlen heraus, bewußt der der schweren Folgen der Unfälle, sein Tun und Lassen, sein bestes Wissen und Können zur Bekämpfung auch der kleinsten Gefahr einstellt.

Die Sicherheit auf der Baustelle hängt in hohem Maße von der Güte und Brauchbarkeit ihrer Ausrüstung ab; Werkzeuge, Maschinen, Transportanlagen, Geräte, Hebezeuge usw. unterliegen durch den rauhen Betrieb, durch den Einfluß der Witterung und durch Verschmutzung einem starken Verschleiß; unsachgemäße Behandlung führt zur Beschädigungen. Die Instandhaltung der gesamten Ausrüstung darf nie vernachlässigt werden.

Überlastungen von Hebezeugen und ihrer Einzelteile, wie Winden, Kloben, Zugseile, Abfangseile einschließlich Verankerungen, ebenso Überlastungen von Gerüsten, Hilfsgerüsten, bergen besonders große Gefahren in sich.

Weiter ist für die wirksame Bekämpfung der Unfälle die richtige Verteilung und Abgrenzung der Verantwortung erforderlich. Für sie haftet die Leitung der Baustelle, gleichgültig ob sie einem Montageingenieur oder einem Richtmeister obliegt. Der Führer der Baustelle hat ständig auf der Baustelle anwesend zu sein, er darf sie nur aus zwingenden Gründen verlassen, nachdem ein geeigneter Vertreter benannt ist und genaue Anweisungen gegeben worden sind, welche Arbeiten in der Zwischenzeit ausgeführt werden dürfen.

Jede Arbeitsgruppe, sei sie auch noch so klein, wird einem besonders zu benennenden Führer, der die volle Verantwortung für seine Anweisungen trägt, unterstellt. Einreden aus der Gruppe oder von anderer Seite sind zu unterbinden, sie stiften Verwirrung und können nur zu leicht zu Unfällen führen.

Zu Arbeiten an gefährlichen Stellen, ebenso zu solchen, die Schwindelfreiheit erfordern, dürfen nur geeignete Kräfte hinzugezogen werden. In dieser Hinsicht einen Druck oder Zwang auszuüben, ist unzulässig.

Zu den Pflichten der Baustellenaufsicht rechnet die persönliche Überwachung gefahrvoller Arbeiten; ein Zuviel ist besser als ein Zuwenig. Die erforderlichen Anweisungen für ihre Ausführung sind klar und eindeutig zu geben und Mißverständnisse zu unterbinden; jedes unnötige Betreten der Gefahrenzone ist zu verhindern.

Der Tätigkeitsbereich des Montageingenieurs ist mit der Vorbereitung und der Führung der Baustellen keineswegs erschöpft; nicht minder wichtig ist seine Mitwirkung bei den Arbeiten des technischen Büros und der Werkstatt. Seine Hinzuziehung beim Entwurf von Bauwerken außergewöhnlicher Art und Umfanges ist durchaus erwünscht, ebenso bei besonders gelagerten Verhältnissen der Baustelle; ihn auszuschalten, bleibt stets ein Fehler, der sich ungünstig auf die Baustellenkosten auswirken kann. Die rechtzeitige Wahl eines zweckmäßigen Montagevorganges im Zusammenhang mit den Entwurfsarbeiten wird stets von Vorteil sein. In Zweifelsfällen verabsäume man nicht die verschiedenen Möglichkeiten annähernd zu veranschlagen und wichtige Einzelheiten zu klären, z. B. ob die vorhandenen Geräte und Hebezeuge und der Maschinenpark ausreichend und voraussichtlich verfügbar sein werden, ob die Schaffung von Sondergeräten und Hebezeugen notwendig wird oder Vorteile verspricht, ob sich Gerüste durch den Bauvorgang (Freivorbau, Einfahren usw.) einschränken oder ersparen lassen usw. — Damit ergeben sich die Grenzen der Konstruktionslängen und -gewichte, welche die Verfrachtung und die Transportanlagen auf der Baustelle beeinflussen. Auch die Fristen bedürfen von vornherein der Erörterung. Alle diese Überlegungen sind auch bei Regelbauten nützlich.

Bei der Bearbeitung der Werkstattzeichnungen darf die Anhörung der Montageabteilung über die Lage und Ausbildung der Stöße und Anschlüsse gleichfalls nicht unterbleiben, um ihre gute Zugänglichkeit beim Einbauen, Verschrauben, Aufreiben und Nieten zu sichern; das gleiche gilt für die auf der Baustelle auszuführenden Schweißnähte.

Die Besprechungen mit der Werkstatt beziehen sich auf den Umfang des Zusammenbauens, des Aufreibens und Nietens, die Vormontage einzelner Bauabschnitte zur Vermeidung von Anpaß- und Nacharbeiten auf der Baustelle, die Reihenfolge und Fristen der Anlieferung, die Art der Verladung und ähnliches.

Die Schulung des technischen Büros steht ohne Zweifel auf einer hohen Stufe; vorbildliche und bewährte Beispiele für Entwurf und Konstruktion sind überreichlich vorhanden. Die Sauberkeit und Genauigkeit der Werkstattarbeit genügt allen Ansprüchen; aber die Entwicklung steht nicht still, immer wieder zeigen sich neue Erfahrungen. Ihnen zur notwendigen Beachtung zu verhelfen, darf der Montageingenieur sich nicht verdrießen lassen. Es bleibt seine Obliegenheit, in verständnisvoller Zusammenarbeit mit Büro und Werkstatt die Anforderungen der Montage rechtzeitig durchzusetzen; er soll sich niemals vor vollendete Tatsachen, die den Erfolg seiner Arbeit beeinträchtigen, stellen lassen.

Baustellenausrüstung, Werkzeuge, Maschinen, Hebezeuge.

Allgemeines.

Unter den Begriff Baustellenausrüstung fallen nach dem Sprachgebrauch die laufend auf den Montagen verwendeten Werkzeuge, Maschinen, Hebezeuge, Hilfsgerüste, Baubuden, Maschinenhäuser usw.; Gerüste, besondere Geräte und ähnliches pflegt man gesondert zu behandeln.

Ebenso zweckmäßig wie die Trennung zwischen dem Werkstattbetrieb und dem Montagebetrieb ist die Trennung ihrer Maschinen und Ausrüstungen, die sich auch auf solche Werkzeuge, Kleinmaschinen, Heftschrauben, Dorne usw., die in beiden Betrieben verwendet werden, erstrecken sollte. Die Gründe, die für dieses Vorgehen sprechen, ergeben sich, soweit sie technischer Natur sind, aus den nachstehenden Ausführungen. Ferner ist zu beachten, daß die Trennung für die richtige Ermittlung der Montagekosten unerläßlich ist. Bei kleineren Werken lohnt sich der scharfe Schnitt allerdings nicht. Es läßt sich auch keine allgemein gültige Regel aufstellen, wann während der Entwicklung und des Wachsens eines Werkes der Zeitpunkt für seine Durchführung eintritt.

Die in den Baustellenausrüstungen investierten Mittel sind namentlich bei großen Werken sehr erheblich; der Wert des Gesamtbestandes steht dem Wert der Maschinen und Einrichtung der Werkstatt nahe. Die Aufwendungen für die Instandhaltung, Ergänzung und Lagerhaltung sind höher wie die gleichen Kosten in der Werkstatt. Der rauhe Betrieb auf der Baustelle, der mangelhafte Schutz gegen Witterung und Schmutz steigern den Verschleiß in einem Grade, wie er in der Werkstatt unbekannt ist. Schwerwiegend sind ferner die unausbleiblichen Beschädigungen, sowie die Verluste an Werkzeug, Kleineisenzeug, Gerüstholz usw.

Die Pflege und die Instandsetzung sowie die Verwaltung des Bestandes sind zwei Aufgaben, die nicht immer genügend beachtet werden; sie dürfen nicht nur allein von der technischen Seite aus beurteilt werden, sie sind vielmehr, von der geldlichen Seite aus betrachtet, wichtig genug, um einer verantwortlichen Stelle übertragen zu werden.

Daß die Ausrüstungen den Baustellen nur in einwandfreiem und gebrauchsfähigem Zustand bereitgestellt werden, ist ein selbstverständliches Gebot; Mängel derselben bergen Gefahren für die Gesundheit und das Leben der Belegschaft in sich, auch können sie zur Ursache von Betriebsstörungen und von Schäden am Bauwerk werden. Die Überweisung ganzer Ausrüstungen oder von Teilen derselben von einer Baustelle zur andern ist nur in Notfällen gerechtfertigt, sie darf sich keinesfalls auf Drahtseile, Ketten, Gerüsthaken und ähnliche Teile, die starkem Verschleiß unterliegen oder leicht beschädigt werden können, erstrecken, es sei denn, daß eine sachgemäße Überprüfung der Teile auf Fehler und Mängel vor der Ingebrauchnahme auf der neuen Baustelle sichergestellt ist. Die Möglichkeit, daß nicht voll gebrauchsfähige Teile wieder in Benutzung genommen werden, liegt zu nahe. Wandert eine Ausrüstung ganz oder teilweise von einer Baustelle zur andern, so geht die Übersicht über den Bestand verloren; auch wird es schwierig, Rechenschaft bei schlechter Behandlung der Teile, bei Verlusten usw. zu fordern.

Die ordnungsgemäße Verwaltung des Bestandes an Ausrüstungen auf der Baustelle und am Lager hat die Führung von Listen und Karteien zur Voraussetzung. Es wird empfohlen, alle wertvollen Teile, seien sie klein oder groß, wie Druckwasserpressen, Druckwasserpumpen, Preßlufthämmer, Aufreibemaschinen, Kompressoren, Lokomobilen, Elektromotoren, Schwer- und Leichtölmotore, Krane, Dampfwinden, Schwenkmaste, Winden, Drahtseile, Ketten, Kloben, Baubuden, Maschinenhäuser usw. mit Nummern zu versehen und Einzelkarten für sie anzulegen, auf denen der Liefer- oder Fertigstellungstag, der Name des Lieferers, der Einstandswert, die Baustellen, auf denen sie eingesetzt werden, mit den Namen des Baustellenleiters (Montageingenieur oder Richtmeister), die Ausgangs- und Wiedereingangstage, die Art und Kosten größerer Instandsetzungen, Abnahmen und Prüfungen mit dem Namen des Abnehmers usw. eingetragen werden; für kleinere Teile, wie Dorne, Heftschrauben, Unterlagsscheiben, Gerüstbolzen, Klammern und ähnliches, genügen Sammelkarten mit Zugangs- und Abgangsvermerken.

Die Ausrüstungen mit einem Eigentumszeichen (Drahtseile lassen sich durch Kupfer- oder farbige Hanfseelen kennzeichnen) zu versehen, ist um so notwendiger, als heute häufig Montagen in Arbeitsgemeinschaften ausgeführt werden.

Alle von den Baustellen zurückkommenden Teile sind, bevor sie zu einer neuen Baustelle versandt oder dem Lager zugeführt werden, gründlich zu säubern; Schäden und Mängel sind zu beseitigen. Den tragenden Teilen ist eine besondere Aufmerksamkeit zu widmen. Drahtseile auch Abfangtaue werden von den Trommeln abgerollt und auf Drahtbrüche untersucht, dabei ist auf die Seilenden besonders zu achten. Ketten, Haken, Gerüsthaken werden ausgeglüht und auf Anbrüche geprüft. Winden und ihre Einzelteile, wie Bremsen, Kuppelungen, Getriebe, werden in Augenschein genommen, Maschinen einem Probelauf unterzogen. Unbrauchbare Teile werden ausgemerzt usw. Um die Nachprüfung zu erleichtern, sind die Richtmeister anzuhalten, in den Listen über die Rücksendungen auf Mängel, die schon auf der Baustelle zutage getreten sind, hinzuweisen. Nur erprobte und zuverlässige Kräfte dürfen unter der Leitung geschulter Vorarbeiter und Meister mit der Überwachung und Instandhaltung der Ausrüstungen betraut werden. Um ihr Verantwortungsgefühl zu wecken und wachzuhalten, empfiehlt es sich, laufende Aufzeichnung über die Arbeiten zu führen und ihre ordnungsmäßige Ausführung bescheinigen zu lassen.

Die Verantwortung für die sachgemäße Verwendung und Pflege der Ausrüstung obliegt auf der Baustelle dem Richtmeister. Er hat die Sorge für die Beseitigung kleiner Schäden, das Ausscheiden unbrauchbarer Teile und ihren rechtzeitigen Ersatz zu tragen. Nach der Beendigung jeder Baustelle werden die Verluste an Werkzeugen, Bohlen, Hölzer, Kleineisenzeug usw. nach Menge und Wert ermittelt, ebenso die Kosten größerer Instandsetzungen und Ersatzbeschaffungen. Im Laufe der Zeit geben diese Werte eine gute Übersicht über die Sorgfalt, mit welcher die einzelnen Richtmeister das ihnen anvertraute Gut behandeln und pflegen. Es wirkt sehr erzieherisch, wenn Vergleiche zwischen den einzelnen Baustellen gezogen und allen Richtmeistern bekanntgegeben werden.

Auf alle Einzelheiten der Ausrüstungen einzugehen, führt zu weit; es wird nur das Wichtigste besprochen.

Werkzeuge.

Daß nur brauchbare Werkzeuge, seien es auch nur Meißel, Hämmer, Schraubenschlüssel, Reibahlen usw., der Baustelle zugestellt werden, ist selbstverständlich. Nachlässigkeit, selbst bei diesen kleinen Dingen, ist zu unterbinden, geben sie doch zu Verzögerungen bei der Arbeit und zu Unterbrechungen derselben, die im einzelnen nicht beachtet werden, und damit zu unnötigen Lohnausgaben Anlaß. Die Auffassung, daß hochwertige Werkzeuge mit Rücksicht auf die unausbleiblichen Verluste auf der Baustelle unangebracht sind, ist abwegig; im Gegenteil, die besten Werkzeuge sind für die Montage gerade gut genug.

Preßluftwerkzeuge, Hämmer sowie Aufreibmaschinen, unterliegen bei den so ungünstigen Betriebsverhältnissen starker Verschmutzung und starkem Verschleiß, ihre Leistung läßt nach. Bei den hohen Kosten der Preßluft, namentlich bei Verwendung des elektrischen Stromes als Antriebskraft für die Kompressoren sollte der Luftverbrauch der Werkzeuge bei jeder sich bietenden Gelegenheit überprüft werden, um Luftfresser rechtzeitig auszuscheiden.

Besonderer Pflege bedürfen die Druckwasserpressen und die dazugehörigen Pumpen. Zum Füllen verwendet man am besten Leitungswasser; ist solches nicht erhältlich, so ist das Wasser durch den Tuchfilter zu reinigen. Jedes Versagen der Pressen und Pumpen verursacht erhebliche Kosten; für Reserven und Ersatzteile, wie Dichtungen und Ventile, ist zu sorgen.

Maschinen.

Hohe Betriebssicherheit, einfache Bedienung, stete Betriebsbereitschaft sind die Hauptbedingungen, welche an die Maschinen gestellt werden müssen. Gewiß darf die Wirtschaftlichkeit nicht vernachlässigt werden, sie ist jedoch von minderer Bedeutung, zumal die sparsame Kraftwirtschaft weniger von der Güte der Maschinen und der Höhe ihres Bedarfes an Kraftstoff, als von ihrem richtigen Einsatz und der Vermeidung jedes überflüssigen Leerlaufes abhängt. Den eigenartigen und meistens überaus schlechten Betriebsverhältnissen auf den Baustellen, dem dauernden Wechsel des Standorts, der Bedienung durch ungeschulte, ungenügend angelernte Kräfte, dem ständigen Übergang der Aufsicht von einer Hand in die andere und damit zusammenhängend einer mangelhaften Pflege und Wartung, dem unzureichenden Schutz gegen Witterung und Schmutz, kann nur durch kräftige Bauart, Kapselung und ähnliche bauliche Maßnahmen begegnet werden. Leider tragen die gebräuchlichen Maschinen den an sie zu stellenden Forderungen nicht immer Rechnung, so sind starker Verschleiß, hohe Instandhaltungskosten und geringe Lebensdauer, diese an den tatsächlichen Betriebsstunden gemessen, unausbleiblich.

Kraftanlagen.

Dampflokomobilen, ihnen sind die Dampfwinden zuzurechnen, Leicht- und Schwerölmotore, Elektromotoren sind die Kraftquellen auf den Baustellen.

Der Dampf wird mehr und mehr verdrängt; es ist zuzugeben, daß der An- und Abtransport, sowie das Aufstellen und Abbauen der Lokomobilen und der dazugehörigen Maschinenhäuser recht erhebliche Kosten verursacht, daß die Anfuhr der Kohlen unbequem ist und daß die Beschaffung geeigneten Speisewassers bisweilen auf Schwierigkeiten stößt. Ferner muß die Bedienung der Maschine durch eine geschulte Kraft, der Lohnaufwand für das Anheizen des Kessels, das Unterdampfhalten während des Stillstandes der Maschine und die Gefahr des Einfrierens bei längerer Betriebsunterbrechung im Winter als Nachteil bewertet werden. Dem stehen die niedrigen Kosten der Kohle und sonstigen Betriebsstoffe, die große Betriebssicherheit, die einfache Bedienung und Instandhaltung, sowie die lange Lebensdauer als Vorteile gegenüber, die um so stärker zur Geltung kommen, je länger die Betriebsdauer und je größer der Kraftbedarf auf der einzelnen Baustelle ist. Die Möglichkeit, den Maschinisten mit Nebenarbeiten zu beschäftigen, setzt die Lohnausgaben herab. Ohne Zweifel ist die Lokomobile, vor allem die Heißdampflokomobile mit ihrem sparsamen Verbrauch an Kohlen und anderen Betriebsstoffen den übrigen Kraftmaschinen häufig überlegen; sie wird zu Unrecht zurückgesetzt. Jedenfalls sollte man sie für den Antrieb der Kompressoren nicht vernachlässigen.

Im Gegensatz zur Lokomobile besitzen der Benzin- und Dieselmotor den Vorzug der einfachen Bedienung und des Entfallens der dauernden Wartung. Die Inbetriebsetzung erfordert ebenso wie die Außerbetriebsetzung nur wenige Minuten; während des Stillstandes wird kein Betriebsstoff verbraucht. Nachteilig sind der hohe Anschaffungspreis, die erheblichen Kosten des Benzins und des Schweröls, ebenso die teueren Schmierstoffe, endlich die Empfindlichkeit gegen Fehler bei der Bedienung und der große Verschleiß; außerdem bedürfen sie erhöhter Pflege und häufiger Überholung.

Die bequemste und in der Anwendung vielseitigste Antriebskraft ist der elektrische Strom, vor allem der Fremdstrom. Es ist damit zu rechnen, daß er mit dem weiteren Ausbau der Leitungsnetze bei entsprechender Gestaltung der Stromtarife sich noch weiter auf den Baustellen durchsetzen wird. Den Strom in eigener Anlage zu erzeugen, ist nur in Ausnahmefällen, bei geringen Belastungsschwankungen und langer Dauer einer Montage von Nutzen. Der Fremdstrom bleibt trotz des verhältnismäßigen hohen Preises vorteilhaft, wenn sich die Kosten der Zuleitung in angemessenen Grenzen halten. Besondere Vorzüge besitzt der Strom bei Winden und Kranen und beim Antrieb von Aufreibern an Stelle von Preßluft; die hier erzielte Kraft- und Kostenersparnis ist bedeutend. Weiter wird noch die einfache Lösung der Beleuchtungsfrage erwähnt. Dem geringen Gewicht der Elektromotore, ihrer Freizügigkeit, ihrer einfachen Bedienung, ihrer steten Betriebsbereitschaft, dem Ausfallen des Kraftverbrauches während des Stillstandes stehen die Kosten für die Leitungen und für die Überwachung durch einen Fachmann gegenüber. Besondere Aufmerksamkeit ist der Abwendung von Unfällen zu widmen, ist doch eine Spannung von 220 V unter ungünstigen Umständen schon lebensgefährlich. Wenngleich die Kenntnis der Gefahren des elektrischen Stromes heute schon fast Gemeingut ist, so darf es auf der Baustelle an der nötigen Vorsicht nicht fehlen. Im Bereich der Baustelle sollten nur isolierte Leitungen verwendet werden; Schleifleitungen sind tunlichst durch biegsame Kabel zu ersetzen, alle Leitungen sind ausreichend gegen Berührungen zu schützen.

Preßluftbetrieb.

Der Preßluftbetrieb wurde bald nach seiner Bewährung in der Werkstatt auf der Baustelle eingeführt. Der Kompressor, der überwiegend mit Kolbenverdichtung arbeitet, war ursprünglich lediglich mit Riemenantrieb ausgerüstet, bis die Fortschritte im Bau von Benzin- und Dieselmotoren bei kleinen Leistungen die unmittelbare Kuppelung des Kompressors mit der Antriebmaschine gestatteten. Diese fahrbaren und leicht beweglichen Anlagen mit selbständiger

Kühlung besitzen den Vorzug der Aufstellung in der Nähe der Verbrauchs-
stellen, damit werden die Luftleitungen in ihrer Länge beschränkt und der
Leitungsverlust weitgehend unterbunden. Größere Kompressoren werden nach
wie vor mittels Riemen angetrieben, sie werden zweckmäßig mit der Antriebs-
maschine durch Rahmen aus schweren I-Trägern verbunden, um Fundamente
zu sparen. Größere Anlagen bedürfen eines Windkessels zum Ausgleich der
Schwankungen in der Luftentnahme, die Kessel sind nahe dem Kompressor
einzubauen. Bei großer Länge der Luftleitung ist die Anordnung eines weiteren
Kessels am Ende der Leitung notwendig, ebenso der Einbau kleinerer Hilfs-
kessel in der Nähe der Hauptentnahmestellen. Stößt die Beschaffung des
Kühlwassers für den Kompressor auf Schwierigkeiten, so gewährt die Rück-
kühlung des Wassers in einem erhöht stehenden Behälter Abhilfe; ein Höhen-
unterschied von 4,0 m reicht für einen selbsttätigen Umlauf des Kühlwassers
in der Regel aus.

Ein großer Übelstand des Preßluftbetriebes, dessen Bekämpfung oft vernachlässigt wird, bilden die Leitungsverluste. Muffenverbindungen der Rohre
sind den Flanschverbindungen überlegen und daher trotz der höheren Kosten
zu bevorzugen. Weitere Verlustquellen liegen in den Schläuchen, die bei der
rauhen Behandlung leicht beschädigt werden, in den Ventilen und Anschluß-
hähnen und in den Abschlußventilen der Werkzeuge, deren Dichtungsflächen
unter der Einwirkung der von der Luft mitgerissenen feinen Staub- und Sand-
teilchen um so mehr leiden, als die Filterung der angesaugten Luft meistens
unterbleibt. Die Beobachtung des Druckabfalles der Preßluft nach der Still-
setzung des Kompressors ist ein einfaches Mittel zur Beurteilung einer Anlage
auf Dichtigkeit. Bei großen Anlagen lohnt sich die Benutzung eines selbst-
schreibenden Manometers, dessen Aufzeichnungen nicht nur Aufschluß über
die Dichtigkeit der gesamten Anlage, sondern auch über den Leerlauf des Kompressors und seine wirtschaftliche Ausnutzung geben.

Schweißmaschine.

Weitere Großverbraucher an Kraft sind die Schweißmaschinen, die seit
einigen Jahren, vor allem im Brückenbau, seltener im Hochbau, benötgt werden.
Der Schweißstrom wird in der Hauptsache durch Umformung, weniger durch
Umspannung erzeugt.

Hebezeuge.

Standbaum, Schwenkmast und Portalkran sind die gebräuchlichen Hebezeuge; der Standbaum und der Schwenkmast arbeiten vorwiegend bei Hoch-
baumontagen, der Portalkran bei Brückenmontagen, ohne daß jedoch von
einer scharfen Trennung der Arbeitsgebiete gesprochen werden kann. An dieser
Stelle wird das Kennzeichnende der verschiedenen Hebezeugarten, ihre Handhabung, ihre Einsatzmöglichkeit und ihre Vor- und Nachteile behandelt; Sonder-
ausführungen werden bei der Beschreibung von Montagevorgängen gezeigt.

Zum Heben der Lasten wird heute durchgängig der durch eine Winde be-
diente Flaschenzug — der seine Vollendung in der elektrisch angetriebenen
Laufkatze gefunden hat — mit einem Drahtseil als Tragorgan verwendet. Das
Drahtseil ist dem früher benutzten Hanftau durch seine größere Tragfähigkeit,
seine gleichmäßige Güte und seine lange Lebensdauer überlegen. Es hat das
Hanftau vollständig verdrängt, nur beim Führen der Lasten während des
Hebens, ferner beim Ziehen kleiner Lasten von Hand ohne Einschaltung von
Flaschenzügen spielt das Hanfseil noch eine bescheidene Rolle. Vor der Einführung des Drahtseiles wurden schwere Lasten vielfach mit Kettenzügen
gehoben. Sie sind heute fast vollständig von der Baustelle verschwunden und
nur bei Nebenarbeiten gebräuchlich; immerhin sind sie im Einzelfalle nützlich,
wie Abb. 62, S. 64 zeigt.

Zum Anhängen der Lasten dienen Ketten und Schluppen aus Drahtseilen; die Ketten lassen sich gut anschlagen, sind aber empfindlich gegen Stöße und neigen besonders bei starker Kälte zu Anbrüchen, die leicht übersehen werden. Beschädigungen an Drahtseilschluppen sind augenfälliger, jedoch bereitet das Anschlagen selbst bei Schluppen aus gut biegsamen Drahtseilen durch das Nachrutschen der Schlingen beim Anheben der Lasten Schwierigkeiten, die oft ein Nachlegen notwendig machen. Der entstehende Zeitverlust ist zum mindesten lästig.

Zur Schonung der Ketten und Schluppen sind beim Anschlagen kräftige Holzstücke unterzulegen, sie verhindern gleichzeitig das Rutschen der Last in den Schlingen und unterbinden Verbiegungen und Beschädigungen der Kanten der Konstruktionen. Das Fehlen der Zwischenlagen muß als grobe Nachlässigkeit bezeichnet werden.

Als Baustoff für die Winden hat sich heute der Stahl durchgesetzt, er ist unempfindlich gegen Stöße, denen die Winden im Betriebe ausgesetzt sind, und ist dem früher vielverwendeten Gußeisen überlegen. Die Lager, meistens Augenlager, werden mit Rotguß ausgebuchst, um Anfressungen bei ungenügender Schmierung hintanzuhalten und um die Reibung zu erniedrigen. Die Winden sind zweckmäßig mit Wechselrädern für Langsam- und Schnellgang, mit Bremse und Sperrklinke und mit einem Spillkopf, der für vielseitige Zwecke verwendbar ist, ausgerüstet. Der Wechselgang erlaubt es, die Hubgeschwindigkeit in gewissem Umfang der Last anzupassen, d. h. leichte Lasten mit größerer Geschwindigkeit zu ziehen wie schwerere Lasten. Eine kräftige Ausführung aller Einzelteile der Winde ist geboten.

Auch für Leitrollen und Kloben ist der Stahl der gegebene Baustoff, die Augenlager werden ebenfalls ausgebuchst, bei den Haken ist auf ausreichende Maulweite Wert zu legen, um Aufbiegen und Brüche zu verhüten, die bei unsachgemäßem Einlegen der Anschlagketten, weniger der Schluppen, zu befürchten sind.

Als kraftbetriebene Winden haben sich die Dampfwinde mit stehendem Kessel und die Elektrowinde eingebürgert. Man hat in früheren Jahren auch Dampfhaspel, wie sie im Bergbau heute noch üblich sind, zum Ziehen benutzt und sie an feststehende Kessel oder an Dampfleitungen angeschlossen oder mit Preßluft, die auf den Zechen verfügbar ist, gespeist; dieser Notbehelf ist heute von den Baustellen verschwunden. Der Handantrieb der Winden ist immer noch in vielen Fällen wirtschaftlich und wird es auch in der Zukunft bleiben. Der maschinelle Antrieb führt bei kleineren Bauwerken, vor allem wenn die zu hebenden Lasten und die Hubhöhen gering sind, zu keinen Ersparnissen.

Die Zugkraft der Dampfwinde ist von der Kesselgröße, die nicht beliebig gesteigert werden kann, abhängig; sie reicht nur für kleinere und mittlere Lasten aus. Die kleine Heizfläche des Kessels erschwert bei längeren Arbeiten der Maschine das Halten des Dampfdruckes; werden Lasten auf größere Höhen gezogen, so sinkt der Dampfdruck ab, die Zugkraft der Winde läßt nach. Das Umsetzen der Winde bereitet abgesehen vom Gewicht, keine Umstände, da sie keine Zuleitungen besitzt; zudem läßt die Winde sich in größerer Entfernung vom Standbaum oder Schwenkmast aufstellen und auf diesem Wege das Umstellen einschränken; des öfteren ist das Gewicht der Winde als Gegengewicht erwünscht.

Elektrowinden, die als geschlossene Einheit gebaut sind, werden selten benutzt; man zieht es vielmehr vor, Handwinden mit einem Vorlege zum Ankuppeln eines Motors zu versehen und den Windenrahmen für die Aufnahme des Motors mit seiner Ausrüstung einzurichten, um die Winde im Bedarfsfalle von Hand bedienen zu können. Ein Bremsmagnet darf beim elektrischen Antrieb nicht fehlen, damit die Winde bei Stromunterbrechungen selbsttätig stillgesetzt wird; sich für diesen Fall auf die Handbremse zu verlassen, ist gewagt.

Es sollten nur gekapselte Motore verwendet werden, ebenso gekapselte Ausrüstungen. Die höheren Kosten werden durch Unempfindlichkeit der Anlage
gegen die Witterung ausgeglichen. Im Gegensatz zur Dampfwinde kann die
Elektrowinde für große Zugkräfte verwendet werden; die Zugkraft bleibt unverändert, gleichgültig wie lange die Winde läuft. Der Stromverbrauch ist der
Größe der Last annähernd verhältnismäßig gleich; endlich wird während des
Stillstandes kein Strom verbraucht. Daß die Elektrowinde ein geringeres
Gewicht als eine Dampfwinde der gleichen Zugkraft besitzt und daß somit das
Versetzen leichter durchgeführt werden kann, ist ein weiterer Vorzug. Lästig

Abb. 3. Standbäume aus Holz.

ist lediglich das Verlegen der Stromzuleitungen beim Umstellen, eine Unbequemlichkeit, die durch Verwendung biegsamer Kabel gemildert werden kann. Die
Elektrowinde hat infolge ihrer großen Vorzüge die Dampfwinde fast vollständig
verdrängt; sie wird ihre bevorzugte Stellung in der Zukunft bewahren.

In der Regel stehen Hebezeuge und Winde auf einer gemeinsamen Bühne,
der Zug zwischen den beiden Teilen gleicht sich dann in der Bühne aus. Wird
die Winde jedoch, was schon bei der Dampfwinde erwähnt wurde, entfernt vom
Hebezug aufgestellt, so sind Winde und Hebezeug gegen Verschieben zu sichern.
Läuft das Zugseil von der freistehenden Winde schräg nach oben, so besteht
die Gefahr des Kippens der Winde, welcher durch eine entsprechende Auflast
zu begegenen ist. Das Gesagte trifft auch zu, wenn Abfangseile durch Winden
angespannt werden.

Der Standbaum in seiner einfachsten Ausführung, ein schlanker gerader
Baumstamm ohne Drehwuchs trägt am oberen Ende ein eingezapftes und
verbolztes Querholz, das den übergehängten oberen Kolben und damit den

gesamten Zug vom Baum abdrängt und das Schleifen der Last an demselben verhindert. Der Kopf des Baumes wird durch Abfangseile, deren Anzahl mindestens drei betragen muß, gegen seitliches Ausweichen gehalten; ein Seil ist nach der Lastseite zu anzubringen. Der Fuß des Baumes steht entweder frei auf dem Boden, besser aber auf einer mit ihm verklammerten Schwelle. Die Abfangseile werden, wenn andere Möglichkeiten fehlen, an schräg in den Boden eingeschlagenen oder eingegrabenen Pfählen verankert. Das Fahrseil läuft am zweckmäßigsten über eine am Mastfuß befestigte Leitrolle zur Winde. Abb. 3 zeigt einen einfachen Baum beim Einsetzen des Dachreiters einer großen Halle. Die Vorzüge des Baumes liegen in seiner Einfachheit, seiner Billigkeit und seinem geringen Gewicht.

Die übliche Befestigung der Abfangungen — heute werden ausschließlich Drahtseile für diesen Zweck verwendet — am Baum und am unteren Festpunkt,

Abb. 4. Standbaum aus Stahl.

welcher Art er auch sei, durch in die Seile geschlagene Knoten führt leicht zu Drahtbrüchen und damit zu Schwächungen der Seile. Zur Schonung der Seile trägt es wesentlich bei, wenn die Seile an beiden Enden mit Schäkel versehen und außerdem mit einer Spannvorrichtung, z. B. einem Spannschloß großer Länge ausgerüstet werden.

In seiner verbesserten Form wird der Standbaum auf einer aus Holz oder Stahl angefertigten Bühne verlagert, die gleichzeitig die Winde aufnimmt; der Baum wird etwa in halber Höhe durch druckfeste Streben nach den Ecken der Bühne abgestützt. Bolzenverbindungen, wie sie in Abb. 3 an den links stehenden Bäumen angewendet sind, schwächen den Baum an seiner empfindlichsten Stelle; um den Stamm gelegte, aus breitem Flachstahl hergestellte, den Stamm umklammernde Schnallen mit Flanschverbindungen sind für den Anschluß geeigneter. Die Abfangseile sind wie bei dem einfachen Standbaum bei zubehalten. Die freie Länge des abgestützten Baumes ist gegenüber dem freien Baum verkleinert, die Tragfähigkeit erhöht; die Gefahr des Umfallens beim Verschieben herabgesetzt.

Länge und Tragfähigkeit von Holzmasten sind begrenzt; reichen sie nicht mehr aus, so tritt der Standbaum aus Stahl als Gittermast (Abb. 4) oder der Rohrmast (Abb. 88, S. 86) an ihre Stelle. Beide Mastarten sind überwiegend der Länge nach zerlegbar, um das Auf- und Abladen und den Transport zu erleichtern, und um die Höhe der Masten den jeweiligen Anforderungen anpassen zu können. Man hat zwar versucht, die Längenabstufung durch teleskopartige ausziehbare Maste zu erreichen (Abb. 5), doch scheint sich diese Ausführung nicht bewährt zu haben. Der Querschnitt ist durchgängig quadratisch; ein Dreieckquerschnitt nach Abb. 6 bildet eine eigenartige Ausnahme, die kaum Nachahmung finden dürfte. Es ist Wert darauf zu legen, die Außenseiten der Stahlmaste tunlichst glatt zu halten; Vergitterung und Stoßbleche werden daher zweckmäßig nach innen verlegt.

Abb. 5. Teleskopstandmast.

Allen Standbäumen ist ihr kleines Arbeitsfeld gemeinsam, sie wechseln dauernd ihren Arbeitsplatz, was zeitraubend und kostspielig ist; ihre Bedienung erfordert eine verhältnismäßig große Mannschaft. Liegen die einzubauenden Teile nicht nach dem jedesmaligen Versetzen des Standbaumes griffbereit, d. h. arbeiten Transport und Einbau nicht in zeitlichem Einklang, eine Forderung, die kaum erfüllbar ist, so sind Zeitverluste und mit ihnen verbunden, hohe Einbaukosten unausbleibliche Folgen.

Der Schwenkmast, dessen Verwendung auf anderen Gebieten des Bauwesens längst bekannt und erprobt war, führte sich im Stahlbau erst zu Beginn des Jahrhunderts ein; anfangs zögernd, da die mangelnde Erfahrung in der Handhabung zu zahlreichen Unfällen Anlaß gab; man lernte aber bald, das Gerät zu beherrschen und seine Vorzüge auszunutzen.

Es besteht aus der Mittelsäule mit ihren Abstützungen und Abfangungen, dem Schwenker oder Ausleger und der Bühne zur Aufnahme der Winden (Abb.75, S. 75). Der Schwenkerfuß ist in der Regel am Fuß der Mittelsäule gelagert, seine Spitze wird mit dem Kopf der Mittelsäule durch einen Zug verbunden. Bei leichten Geräten verwendet man für Mittelsäule und Schwenker Holzmaste, bei schweren Geräten Maste aus Stahl. Der Schwenker bestreicht einen Halbkreis, dessen Durchmesser von seiner Schräglage, die durch den erwähnten Zug eingestellt wird, abhängt. Ist die Mittelsäule drehbar, so genügt zur Auflagerung des Schwenkers ein waagerechtes Bolzengelenk, das bei feststehender Säule durch einen senkrechten Drehzapfen ergänzt wird. Diese beiden Gelenke lassen sich zu einem Kugellager vereinigen. An der Spitze des Schwenkers ist der Flaschenzug zum Heben und Senken der Last angeschlagen, dessen Fahrseil, falls ein Holzmast als Schwenker dient, an diesem entlang läuft und falls ein Stahlmast als Schwenker verwendet wird, zweckmäßig in das Innere der Konstruktion gelegt wird. In beiden Fällen wird das Fahrseil am Fuße des Schwenkers durch eine Leitrolle zur Winde abgelenkt; gegen das Ausspringen des Seiles

Abb. 6. Stahlmast mit dreieckigem Querschnitt.

aus der Rolle ist Vorsorge zu treffen. Weiter greifen an der Spitze des Schwenkers nach entgegengesetzter Richtung arbeitende Abfangseile zum seitlichen Verschwenken und zum Feststellen des Schwenkers an; beide Seile müssen dauernd gespannt sein. Beim Nachlassen auch nur eines derselben kann der Schwenker leicht seitlich ausschlagen, schon eine geringe Schiefstellung der Mittelsäule genügt zum Einleiten dieser Bewegung, den durchgehenden Schwenker ohne Stoß, der bei angehängter oder gar hochgezogener Last eine erhebliche Wucht besitzt, abzufangen, gelingt nicht immer. Eine nachlässige Bedienung der Abfangseile hat oft genug schwerwiegende Unfälle verursacht.

Bei leichten Schwenkmasten sind Bühnen aus Holz zulässig, besser ist jedoch die Herstellung des Bühnenrostes aus U- und I-Trägern; in den Stößen nur die Stege der Träger durch Winkellaschen anzuschließen, genügt nicht; darüber hinaus sind die Flanschen durch Knotenbleche miteinander zu verbinden, sodann sind noch Diagonalen anzubringen, um die Bühne zu einer steifen Platte auszubilden. Die Abstützungen der Mittelsäule, die druckfest auszubilden sind, werden an den Ecken der Bühne befestigt; sie geben in Verbindung mit Auflast aus den auf der Bühne angeordneten Winden dem ganzen Gerät eine allerdings nicht allzuhoch zu veranschlagende Standsicherheit, die das Verschieben erleichtert. Trotzdem müssen die Abfangseile während des Versetzens in Tätigkeit bleiben.

In manchen Fällen sieht man von der Verwendung der Mittelsäule ab (Abb. 77, S. 77) und befestigt den Zug für das Heben und Senken des Schwenkers an der Spitze eines pyramidenförmigen Bockes.

Die Standsicherheit des Gerätes ist von der sachgemäßen Ausführung der Abfangung abhängig; bei schweren Lasten darf die Untersuchung des Kräftespieles in den Seilen nicht vernachlässigt werden, die Unsicherheiten aus der Verschiedenheit der Vorspannung, der Neigung und der Länge der einzelnen Seile dürfen nicht übersehen werden; ferner müssen die Verankerungen der Seile einen genügenden Überschuß an Sicherheit besitzen.

Das ausgedehnte Arbeitsfeld des Schwenkmastes und damit verbunden die Einschränkung des Umsetzens, seine große Tragfähigkeit, die Möglichkeit, die Einbauteile ohne Störung des Arbeitens des Mastes rechtzeitig in Greifweite bereitzulegen, sind die wertvollen Vorzüge des Gerätes; andererseits ist nicht zu verkennen, daß die Bedienung des Mastes gewisse Erfahrungen voraussetzt und Umsicht und Vorsicht erfordert und daß das Aufstellen, Verschieben und Abbauen der schweren Maste umständlich und teuer ist.

Abb. 7. Portalkran.

Der Portal- oder Bockkran ist von jeher beim Aufstellen von Brücken benutzt worden, ebenso zum Abladen und Stapeln der Konstruktionen, jedoch ergeben sich auch im Hochbau zahlreiche Anwendungsmöglichkeiten, z. B. bei den Kesselhäusern der neuzeitlichen Kraftwerke, bei schweren niedrigen Hallenbauten, bei Stahlskelettbauten usw. Von der Urform, einem Riegel aus einem I-Träger mit Holzbeinen, der auf dem Unterflansch der Riegel laufenden handangetriebenen Katze mit Kettenzug und dem Kranlaufwerk mit Handkurbel, führt der Weg in manchen Stufen zum neuzeitlichen Dreimotorenlaufkran (Abb. 7) und zu dem Riesen für die Montage des Schiffshebewerks Niederfinow.

Bei der baulichen Durchbildung der schweren Krankonstruktion ist darauf zu achten, daß die Höhe und die Stützweite abstufbar sind, um sie jeweilig den einzelnen Bauten entsprechend einstellen zu können, ferner daß das Aufstellen und Abbrechen mit einfachen Hilfsmitteln und geringen Kosten erfolgen kann; die Beine und der Riegel müssen daher in handliche untereinander vertauschbare Stücke mit einheitlichen Stößen zerlegt werden. Die Köpfe der

Beine ragen über den Riegel hinaus, sie erhalten ein Konsol zum Anschlagen eines Flaschenzuges, die Riegelenden werden für den Anschluß an die Beine ausgebildet. Alle Stöße und Verbindungen werden für Verschraubung bemessen.

Die Aufstellung spielt sich, auf Einzelheiten einzugehen erübrigt sich, wie folgt ab: Die Beine werden mit Standbäumen aufgerichtet und sorgfältig abgefangen, der Riegel wird auf dem Boden zusammengebaut, die Laufkatze mit Schleifleitungen aufgesetzt, der Riegel mit an den Konsolen der Beinköpfe befestigten Flaschenzüge hochgezogen und mit den Beinen verbunden (Abb. 71, S. 73). Das Aufstellen und Abbrechen der großen Kräne birgt außerordentliche Gefahren in sich, nur erfahrene und bewährte Richtmeister dürfen mit dieser verantwortungsvollen Aufgabe betraut werden.

Die Vorsicht gebietet namentlich bei hohen und großflächigen Kranen Vorkehrungen gegen Abtreiben und Kippen durch Wind zu treffen.

Die Hauptaufgabe des Portalkranes bleibt der Einbau der Konstruktionen. Ob es sich lohnt, ihm auch Transporte zu übertragen, hängt von den Umständen

Abb. 8. Neuzeitlicher Abladekran.

ab, beim Kran mit elektrischem Fahrwerk ist dies meistens der Fall. Wird der Kran von Hand bedient, so wird man ihn nur soweit verfahren, wie es das Wechseln des Arbeitsplatzes und das Aufnehmen der Einbaustücke verlangt.

Die Ardeltwerke in Eberswalde haben vor einigen Jahren einen Kran entwickelt, der als Abladekran sehr geeignet ist, wenngleich er von Hand betrieben wird. Er besitzt den Vorzug, daß er ohne jedes Hilfsmittel in wenigen Stunden abgeladen und aufgestellt werden kann. Der Riegel mit der aufgesetzten Katze lagert während des Transportes mittels einer zum Kran gehörigen Drehscheibe auf dem Waggon. Das Aufstellen beginnt mit dem Drehen des Riegels um 90°, anschließend werden die vier Beine aus den Einzelstücken zusammengesetzt, mit dem Riegel verbunden und die Räder auf die Krangleise aufgesetzt. Das Gewicht der Einzelteile ist so bemessen, daß sie von vier Mann getragen werden können. Endlich werden die Fußenden der Beinpaare durch eine an dem einen Bein angeordnete Winde mit Seil, während der Riegel sich hebt, gleichmäßig zusammengezogen und miteinander verbunden. Der Kran ist gebrauchsfertig (Abb. 8).

Die Vorzüge der Portalkräne liegen in ihrem großen Arbeitsbereich, ihrer hohen Tragfähigkeit und Standsicherheit und endlich in dem Entfallen von Anfangseilen. Als Nachteile sind das umständliche Aufstellen und der Abbau, sowie die Kosten für das Fahrgleise mit seinem Unterbau anzusehen.

Dem Schwenkmast ähnelt der im Baugewerbe vielfach zum Versetzen von Werksteinen und zum Hochziehen von Ziegelsteinen, Mörtel, Balken bewährte, fahrbare Turmdrehkran; er ist dem Schwenkmast durch die Größe des Arbeitsfeldes überlegen, andererseits ist seine Tragfähigkeit und damit seine

Einsatzmöglichkeit beschränkt; immerhin hat er sich, wenn auch in beschränktem Umfange, im Stahlbau eingebürgert.

Die kippbaren Ausleger sind bei Kränen mit Dampfantrieb meistens mit der Kransäule fest verbunden, beide drehen sich einschließlich der Maschinenbühne auf dem Wagen, durch ihre Anordnung werden Kessel und Winden als Gegengewicht ausgenutzt. Die Skizze eines solchen Kranes zeigt Abb. 9. Bei den elektrisch betriebenen Kränen, der Bauart Jul. Wolf & Co., Heilbronn a. N. (Abb. 72, S. 74), ist der Ausleger drehbar, dagegen sind Turm und Fahrgestelle ein starres Ganzes. Die Rahmenkonstruktion des Wagens erlaubt es, den Raum im Fahrgleise zum Lagern zu benutzen. Zur Sicherung des Kranes gegen Umkippen dient eine Zusatzlast (meistens aus Ziegelsteinen); sie ermöglicht es, gleichzeitig die Spurweite des Fahrgleises in zulässigen Grenzen zu halten. Der Bedienungsstand ist hochgelegt; er gibt eine gute Sicht über das Arbeitsfeld; der Strom wird durch ein biegsames Kabel zugeführt. Ist auf einer Baustelle ein neues Arbeitsfeld aufzuschließen, so kann der Kran mittels einer Drehscheibe und eines Quergleises auf das neue verlegte Fahrgleis mit eigenem Antrieb umgesetzt werden. Das Aufstellen und Abbauen des Kranes erfordert, was als besonderer Vorteil anzusprechen ist, nur kleine Hilfsmittel. Der größte Kran besitzt eine Höchstausladung von 30 m bei einer Spitzenlast von 2,5 t.

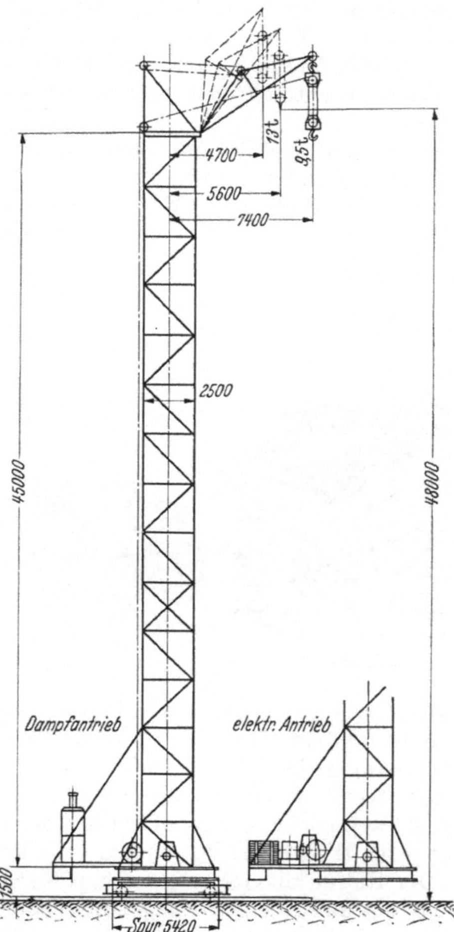

Abb. 9. Turmdrehkran mit Dampfantrieb.

Dem Turmkran kommt zugute, daß er leicht beweglich ist und durch Abfangseile nicht behindert wird. Er eignet sich daher für die Montage von Stahlskelettbauten, leichten Hallen kleinerer Stützweite und ähnlichen Bauwerken. Einen mit Raupenfahrwerk ausgestatteten Kran, der bei der Montage einer Automobilfabrik in Nyschni-Nowgorod benutzt wurde, bringt Abb. 10, derartige Ausführungen sind, soweit bekannt, in Deutschland noch nicht in Gebrauch genommen worden, obgleich es nicht an der Gelegenheit fehlt. Fraglos liegen hier Entwicklungsmöglichkeiten vor, die der Beachtung Wert sind.

Berechnungen von Standbäumen, Schwenkmasten und Portalkränen sind, soweit bekannt, im Schrifttum noch nicht veröffentlicht worden. Es haben sich einheitliche Anschauungen über Belastungsannahmen und zulässige Beanspruchungen noch nicht bilden können, um so mehr ist der Aufsatz von Klein[1] zu begrüßen.

Glücklicherweise zählen Zusammenbrüche von Hebezeugen zu den Seltenheiten, ein Beweis, daß es an genügender Vorsicht bei ihrer Handhabung nicht mangelt; andererseits erfordert das Aufsetzen, Umsetzen und Abbrechen schwerer

---

[1] Klein: Stahlbau 1935, H. 24.

Hebezeuge erhebliche Kosten. Aus Ersparnisgründen ist es daher sehr erwünscht, das Eigengewicht der Hebezeuge tunlichst einzudämmen; durch die Verwendung hochwertigen Stahles dürften sich wahrscheinlich Erfolge erzielen lassen.

Die Berechnung eines Portalkranes für die Baustelle bereitet keine Schwierigkeiten. Die Zusatzkräfte aus dem Nachgeben einer Kranstütze beim Versacken einer Laufschiene, aus Schwingungen der Last und aus dem Schrägziehen, lassen sich genau verfolgen. Setzt man der Sicherheit halber noch einen Beiwert für Stöße ein, so kann die Höchstspannung in der Konstruktion unbedenklich bis zur halben Streckgrenze gesteigert werden. Ebenso ist der

Abb. 10. Raupenkran.

Ausleger eines Schwenkmastes einer genauen Untersuchung zugängig, vorausgesetzt, daß die konstruktive Ausbildung des Kopfes und des Fußes in allen Stellungen des Auslegers die angenommene Lage der Angriffspunkte der Last sichert, was nicht immer zutrifft, wenn der Ausleger sich der senkrechten Stellung nähert und wenn sich die Oberflasche des Zuges an die Konstruktion legt.

Die Belastungsannahmen bei Standbäumen auch bei den Mittelbäumen der Schwenkmaste hinreichend genau einzusetzen ist kaum möglich, schon die Übertragung der Last auf den Boden und ihre Rückwirkung auf die Konstruktion ist unsicher, ebenso der Einfluß der Abfangseile, der sich während des Arbeitens mit der Vorspannung der Seile, ihrer Schräglage, der Art ihres Anschlusses an den Baum und die Verankerung und ihrer Nachgiebigkeit ändern kann. Noch weniger läßt sich die Verteilung der Kräfte auf die verschiedenen Seile mit genügender Sicherheit bestimmen; man muß gerade in dieser Hinsicht von den ungünstigsten Annahmen ausgehen. Ob man allen diesen Unzulänglichkeiten bei der Berechnung durch einen entsprechenden Zuschlag zur Last oder durch eine niedrige Beanspruchung begegnet, berührt das Endergebnis nicht. Es muß jedoch wiederholt werden, daß gerade bei den Bäumen größte Vorsicht geboten ist.

Einrichten der Baustelle.

Der wirtschaftliche Erfolg einer Montage, mag sie klein oder groß sein, hängt in erheblichem Maße von der zweckentsprechenden Ausstattung der Baustelle mit Werkzeugen, Maschinen, Hebezeugen usw. ab; sie muß stets der zu erfüllenden Aufgabe angepaßt sein und alles für die zu erledigenden Arbeiten Notwendige umfassen, andererseits ist alles Überflüssige auszuschließen, selbst Reserven in unnötigem Umfange sind vom Übel.

Es ist fehlerhaft, die Auswahl der Ausrüstung dem mit der Führung der Baustelle beauftragten Richtmeister zu überlassen, wohl muß er Gelegenheit haben, seine Wünsche rechtzeitig zu äußern, bevor der Versand aufgenommen

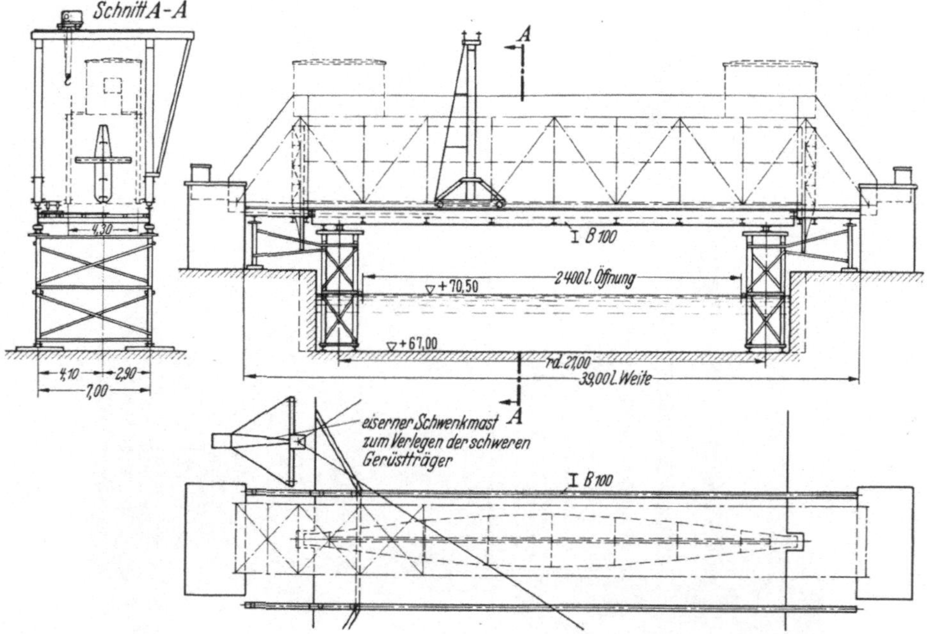

Abb. 11. Einrichtung einer Baustelle.

wird. Die Vorbereitungen für die Baustelle sind durch das Montagebüro, oder wenn eine solches in kleineren Werken fehlt, stets von der gleichen Stelle, welche die Baustellen überwacht, zu treffen, um eine richtige Ausnutzung des Bestandes an Werkzeugen, Maschinen usw. zu sichern und überflüssige Neubeschaffungen zu unterbinden.

Als gutes Hilfsmittel beim Zusammenstellen der Ausrüstungen bewähren sich Vordrucke, in welchen, systematisch geordnet alles, was auf der Baustelle benötigt wird, aufgeführt ist, gleichgültig, ob geringfügige Dinge, wie Dorne, Heftschrauben, Schraubenschlüssel und ähnliches oder Kompressoren, Winden, Hebezeuge usw. in Frage kommen. Die Verwendung derartiger Vordrucke schließt das Übersehen notwendiger Teile aus, sie enthalten zweckmäßig außer einer Spalte zum Eintragen der Stückzahlen, noch weitere Spalten für besondere Angaben, für die Ausgangs- und Wiedereingangstage und für die Verluste auf der Baustelle. Außer der Urschrift, die im Werke verbleibt, werden Durchschläge oder Durchschriften angefertigt, die dem Aussuchen und dem Versand dienen und zur Baustelle gehen; bei etwaigen Nachsendungen wird entsprechend verfahren.

Die Voraussetzung für die Auswahl der Einrichtung ist die Besichtigung der Baustelle und die Festlegung des Montagevorganges; schon bei der

Kalkulation der Angebotspreise sollten alle Überlegungen über den Gang der Montage und damit über die Ausrüstung der Baustelle abgeschlossen sein. Gewiß erübrigen sich eingehende Vorarbeiten bei einfachen Bauwerken, die schon öfter ausgeführt wurden, für welche Erfahrungen vorliegen und bei glatten Baustellen; jedoch sollte man bei allen Bauten, die durch ihre Größe, ihre Konstruktion, durch das Gewicht der Konstruktionsteile, durch die Beschaffenheit der Baustelle usw. aus dem üblichen Rahmen fallen, schon bei der Bearbeitung der Anfrage die Mühe nicht scheuen, alle wichtigen Einzelheiten, wenn auch nur in großen Zügen zu bestimmen und in Skizzen und Aufzeichnungen niederzulegen.

Zur Erläuterung des Gesagten wird auf Abb. 11 verwiesen, die für die Veranschlagung der Montagekosten eines Kanalsicherheitstores angefertigt wurde. Sie gibt auf den ersten Blick Aufschluß über den Montagevorgang und über alles zur Ausrüstung der Baustelle Erforderliche; sie wird als hervorragendes Vorbild empfohlen. Die Urzeichnung enthält noch Angaben über die Holzstärken des Gerüstes, die Profile der Gerüstträger, Zwischenmasse usw., auf deren Wiedergabe verzichtet ist, um die Klarheit der Skizze nicht zu beeinträchtigen. Auch ohne besondere Erläuterung erkennt man, welche Aufgaben dem Schwenkmast zufallen, er setzt die gesamte Ausrüstung auf dem Ufer ab, verlegt den linksseitigen Gerüstabschnitt, die Träger der Schiffahrtsöffnung, stellt den Portalkran für den Zusammenbau auf, stapelt die Konstruktionsteile am Ufer, legt sie griffbereit auf die Rüstung und übernimmt nach der Beendigung der Montage den Abbau des Gerüstes usw. und die Verladung für den Rücktransport. Schnitt A—A zeigt die Ausbildung der Gerüstdecke und die Lage des Transportgleises. Das Einzeichnen des Schwenkmastes gibt die Möglichkeit, die notwendige Länge des Auslegers zu bestimmen. Skizzen dieser Art bilden nicht nur eine sichere Unterlage für die Veranschlagung der Montagekosten, sondern auch für die richtige und vollständige Auswahl der Baustellenausrüstungen, sie machen ferner, was wesentlich ist, erneute Besichtigungen, Rückfragen usw. überflüssig.

Gerüste.

Man spricht im Stahlbau von Gerüsten und Hilfsgerüsten und grenzt diese Begriffe ziemlich scharf gegeneinander ab, als Gerüste werden alle Hilfsbauten bezeichnet, welche Bauwerke oder Teile derselben während der Montage so lange aufnehmen bis sie auf ihre Fundamente, Pfeiler, Widerlager usw. gesetzt werden können, in der Regel ist ein Gerüst mit einer Arbeitsbühne für den Zusammenbau usw. ausgestattet und dementsprechend für das Tragen der Einbaugeräte eingerichtet; Gerüste bedürfen einer mehr oder weniger umfangreichen ingenieurmäßigen Bearbeitung und stellen durchgängig selbständige Bauwerke dar. Unter den Begriff Hilfsgerüst fallen die kleinen handwerksmäßig hergestellten Arbeitsbühnen für das Verdornen, Verschrauben, Aufreiben, Nieten oder Schweißen der Anschlüsse und Stöße, sowie Abdeckungen u. ä.

Der Unterschied zwischen den beiden Gerüsten erstreckt sich weiter auf die geldliche Seite; es ist üblich, die Kosten der Gerüste gesondert zu ermitteln und dann zu verrechnen, während die Aufwendungen für die Hilfsgerüste zu den Unkosten zählen, es sei denn, daß die Ausgaben für dieselben eine ungewöhnliche Höhe erreichen, wie bei den Hilfsgerüsten an den Obergurten weitgespannter Fachwerkbrücken.

Der Verkehr auf den Gerüsten ist gut zu sichern, es sind kräftige Geländer anzubringen, bei hohen Gerüsten sind Leitern nötigenfalls durch Treppen zu ersetzen; liegt ein Gerüst über tieferem Wasser, so sind Rettungsringe und bei fließendem Wasser bemannte Rettungsboote bereit zu halten. Gerüste über Verkehrswegen bedürfen einer dichten Abdeckung sowie eines Schutzes gegen das Herabfallen kleiner Gegenstände. Bei Hilfsgerüsten kann in der Regel auf besondere Schutzmaßnahmen verzichtet werden, sofern dafür gesorgt wird, daß unter denselben kein Verkehr stattfindet.

Der Brückenbau ist bei Fachwerkbrücken fast immer auf die Benutzung von Gerüsten angewiesen, Ausnahmen sind selten; als solche sei der Bau von Brücken über Kanälen, welche im Einschnitt liegen, erwähnt. Wird die Brücke vor dem Aushub des Kanalbettes erstellt, so ist die Möglichkeit, das Gelände als Zulage zu benutzen, gegeben.

Günstiger liegen die Verhältnisse bei Blechträgerbrücken; Gerüste sind bei ihrer Aufstellung entbehrlich, sobald die Abmessungen und Gewichte der Hauptträger den Versand und das Verlegen auf der Baustelle als Ganzes zulassen. Für den Einbau der Fahrbahn genügt alsdann meistens ein Schutzgerüst, das gleichzeitig als Arbeitsbühne dient.

Der Hochbau benutzt Gerüste nur in geringem Umfange, es liegt nahe, selbst bei schweren, weitgespannten Unterzügen, Kranträgern, Bindern usw. auf die Zuhilfenahme von Gerüsten zu verzichten, die Teile auf dem Erdboden fertig zu stellen und sie als Ganzes hochzuziehen und einzubauen, ein Verfahren, das sich auch bei Verladebrücken, Torträgern von Flugzeughallen und ähnlichen Konstruktionen bewährt hat, zumal die Bewältigung ungewöhnlich hoher Lasten heute auf keine Schwierigkeiten stößt. Nur bei der Errichtung hoher und langer Hallen können fahrbare Gerüste, die außer der Arbeitsbühne auch die Hebezeuge aufnehmen, von Nutzen sein; sie schränken, das darf nicht außer acht bleiben, die Unfallgefahr erheblich ein.

Abb. 12. Altes Montagegerüst.

Holz als Baustoff für die Gerüstböcke und Stahl als Baustoff für die Gerüstträger kennzeichnen den heutigen Gerüstbau, die gleichzeitige Verwendung beider Baustoffe hat sich als wirtschaftlich erwiesen; Gerüste nur aus Holz oder nur aus Eisen zählen zu den Ausnahmen.

Unsere Vorgänger bedienten sich bei ihren Gerüsten fast ausschließlich des Holzes; recht aufschlußreich ist das Gerüst für die Montage einer Bogenbrücke über die Mosel, die mittlerweile dem Abbruch verfiel (Abb. 12). Die Schiffahrtsöffnungen sind durch sprengwerkartige Konstruktionen überbrückt, eine Ausführung, die auch bei den alten Rheinbrücken gewählt wurde, weiter ist interessant, daß man damals schon einen Schwimmkran benutzte. Das Bild besitzt einen gewissen geschichtlichen Wert und ist aus diesem Grunde hier eingefügt worden.

Der einfache Gerüstbock, wie er im Trocknen und in flachen Gewässern vorwiegt, besteht in seiner üblichen Ausführung aus der Schwelle und dem Riegel aus Kantholz, den Ständern aus Rundholz und den Zangen aus Halbholz, zur Verbindung dienen Bolzen und Klammern; bei mehrstöckigen Gerüsten genügen die Bolzenverbindungen nicht, sie werden durch Verzapfungen und Verzahnungen verstärkt. Der Riegel zur Auflagerung der Gerüstträger wird bei starker Belastung zweckmäßig aus Stahl hergestellt. Reicht die Schwelle allein zur Übertragung der Kräfte auf dem Baugrund nicht aus, so vergrößert man die Lagerflächen durch ein- oder mehrlagige Holzstapel unter den Lastpunkten. Zur Erzielung der Standsicherheit des Gerüstes in der Längsrichtung werden die Böcke paarweise durch Verbände miteinander gekuppelt.

Abb. 13. Gerüst an einem Abhang.

Einfache Gerüste werden in der Regel auf der Baustelle verzimmert, um sie den Unebenheiten der Baustelle ohne besondere Vorbereitungen anpassen zu können.

Das Gerüst für die Kanalbrücken eines Schiffshebewerkes (Abb. 13), läßt deutlich erkennen, in welcher einfachen Weise die Neigung des Abhanges überwunden wurde; bei der Höhe des Gerüstes und den großen Flächen des Kanaltroges traten erhebliche Windkräfte auf, zu deren Aufnahme kräftige Druckstreben an den Bockenden angeordnet sind. Ein Gerüst ungewöhnlichen Ausmaßes, das Gerüst für eine Straßenbrücke über den Rhein, ist in Abb. 14 festgehalten. Das Gerüst für ein

Abb. 14. Gerüst für eine Rheinbrücke.

hochliegendes Kreuzungsbauwerk ist wegen der Ausfachung der turmartigen Pfeiler bemerkenswert (Abb. 15); die hier gewählte Anordnung der Riegel und Zangen verringert die Knicklänge der Ständer auf die Hälfte, gegenüber der sonst üblichen Ausführung.

Schlechter Baugrund und größere Wassertiefe zwingen vor allem bei starken Belastungen zur Gründung der Gerüste auf gerammten Pfählen; sind die Bodenverhältnisse unbekannt, so sind die Pfahllängen durch Schlagen von Probepfählen zu ermitteln. Auf jeden Fall muß die Tragfähigkeit der Pfähle an Hand der bekannten Formeln gewährleistet sein, die Führung von Rammregistern ist notwendig.

Das Stützjoch für den freien Vorbau einer Straßenbrücke über den Rhein
(Abb. 16) ist vorbildlich für die Ausführung eines schwerbelasteten Gerüstes;
Schrägpfähle und Spannstangen nehmen die waagerecht auf das Untergerüst
wirkenden Kräfte auf. Der statisch bestimmte Trägerrost sichert die gleichmäßige Verteilung der Auflast auf die einzelnen Pfähle, bei den oberen Riegeln
der Pfahlreihen ist die beabsichtigte Lastverteilung durch die Auflagerung des
Rostes nahe den Drittelpunkten erreicht. Zum Schutz sind neuerdings bei Jochen
der obigen Art Umschließungen aus Stahl-Spundwänden gerammt worden,
die, wenn die Schiffahrt dies erfordert, durch Leitwerke ergänzt werden.

Holzgerüste neigen wie alle Holzbauten infolge der Nachgiebigkeit ihrer
Verbindungen zu Setzungen und Versackungen, ohne daß die Tragfähigkeit

Abb. 15. Gerüst für ein hochliegendes Kreuzungsbauwerk.

nennenswert berührt wird. Wenn dieses Verhalten auch bei kleinen, einfachen
Gerüsten von Nutzen sein kann, weil Ungenauigkeit der Auflagerung ausgeglichen
werden, so ist doch bei großen Gerüsten auf das saubere, kunstgerechte Ver-
zimmern und Abbinden zu achten.

Der niedrige Preis, die einfache Verarbeitung und die Möglichkeit der Wiederverwendung geben dem Holz beim Bau der Gerüstböcke eine Überlegenheit,
die auch in der Zukunft erhalten bleiben dürfte.

Die Verwendung von Stahlböcken erweist sich selten als wirtschaftlich;
hohe Herstellungskosten, die geringen Aussichten für eine Wiederverwendung
stehen dem entgegen; für niedrige Gerüste kommt die Anordnung von Stahlböcken nur aus zwingenden Gründen in Frage, zum Beispiel, wenn die Einengung eines Hochwasserprofils durch die Böcke auf das Äußerste herabgesetzt
werden muß.

Dagegen ist Stahl für hohe Gerüstpfeiler, wie sie beim Bau hochliegender weitgespannter Talbrücken benutzt werden, der gegebene Baustoff; Holz scheidet
bei derartigen Pfeilern aus. Die großen Querschnitte, die zur Aufnahme der
schweren Auflast benötigt werden und die sich ergebenden großen Windflächen
sind seiner Verwendung abträglich.

Wie schon kurz erwähnt, werden heute ausschließlich Gerüstträger aus Stahl benutzt; sie lassen erheblich größere Stützweiten zu wie die früher üblichen Holzbalken, es wird demgemäß an Böcken gespart, die Stellung der Böcke wird unabhängig von der Felderteilung der zu errichtenden Brükken, was bei Fachwerkbrücken von Wert ist. Endlich ist die Wiederverwendung der Stahlträger fast unbegrenzt. Besonders geeignet sind wegen ihrer guten Auflagerung Breitflanschträger, bei denen im Regelfalle die Sicherung gegen Umkanten entbehrlich ist. Weiter bietet der breite Flansch ein besseres Auflager für die Bohlenabdekkung, wie der schmale Flansch der Normalträger, die stets vorhandenen Längenabstufungen der Belagbohlen verlieren an Einfluß. Normalträger bedürfen zudem stets einer Abstützung gegen Umkanten.

Gerüste in schiffbaren Gewässern behindern und gefährden wegen der unvermeidbaren Einengung des Fahrwassers trotz der Anordnung von Schifffahrtsöffnungen den Verkehr. Die Kosten für die Überbrückung der Öffnungen, sowie für den Wahrschaudienst und die Schlepphilfe sind sehr erheblich. Der ständig zunehmende Verkehr auf den schiffbaren Flüssen, die wachsende Länge und

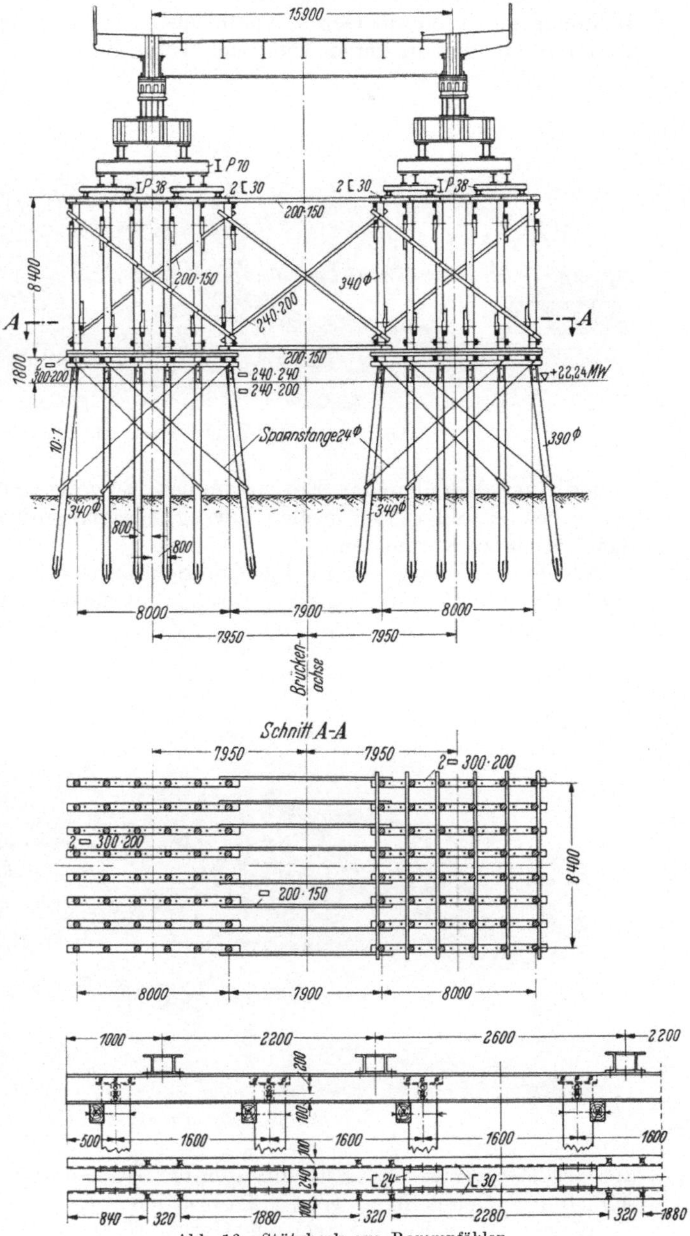

Abb. 16. Stützbock aus Rammpfählen.

Breite der Fahrzeuge haben die Ansprüche an die lichte Weite der Schifffahrtsöffnungen derart gesteigert, daß heute der freie Vorbau und das Einschwimmen der fertigen Brücken das Aufstellen der Brücken auf dem Gerüst abgelöst hat. Diese Umstellung wurde erleichtert und gefördert, als der Blechträger und das parallelgurtige Fachwerk mit dem Wandel der künstlerischen Anschauungen den den Großbrückenbau früher beherrschenden Bogen über der

Fahrbau verdrängten. Die beim freien Vorbau des öfteren benötigten Stützböcke erschweren den Schiffahrtsverkehr in viel geringerem Maße als ein durchlaufendes Gerüst mit Schiffahrtsöffnung. Daß die kurzfristige Sperrung des Verkehrs beim Einschwimmen einer Brücke einer sich über Monate hinziehenden Behinderung durch ein Gerüst vorzuziehen ist, ist ohne Zweifel. So ist es auch verständlich, daß in neuer Zeit auch beim Bau von Brücken über in Betrieb

Abb. 17. Gerüstbrücke über große Schiffahrtsöffnungen.

befindlichen Kanälen das Einschwimmen Eingang gefunden hat. Dieses Vorgehen besitzt zudem den großen Vorzug, Beschädigungen der Kanalsohle durch das Gerüst zu vermeiden.

Welche Schwierigkeiten bei großen Schiffahrtsöffnungen zu überwinden sind, wird aus Abb. 17 vom Bau einer Eisenbahnbrücke über den Rhein anschaulich;

Abb. 18. Fahrbares Abbruchgerüst.

die Gerüstträger für die Mittelöffnung der Brücke dürften die größten ihrer Art sein, die in Deutschland verwendet wurden.

Wegen seiner Eigenart sei das Gerüst für den Abbruch einer Bogenbrücke in Berlin hier behandelt (Abb. 18). Der durch die Brücke überspannte Kanal mündet unmittelbar neben dem Bauwerk in die Spree. Die aus dem Kanal kommenden Schiffe schwenken daher schon unterhalb der Brücke nach rechts oder links ab, um in die Spree einbiegen zu können und laufen in der entgegengesetzten Fahrrichtung schräg in den Kanal ein. Ein Gerüst unter der Brücke war bei den gegebenen Verhältnissen ausgeschlossen, es mußte oberhalb derselben angeordnet werden. Das Gerüst aus Stahl war quer zur Brückenachse fahrbar, um den Abbruch des breiten von 10 Bogen getragenen Überbaues in Längsstreifen vornehmen zu können. Die Arbeit ging in der Weise vor sich, daß zunächst die Fahrbahn und Fahrbahnstützen eines Streifens entfernt wurden, anschließend wurden die zugehörigen Bogen an das Gerüst gehängt und beseitigt.

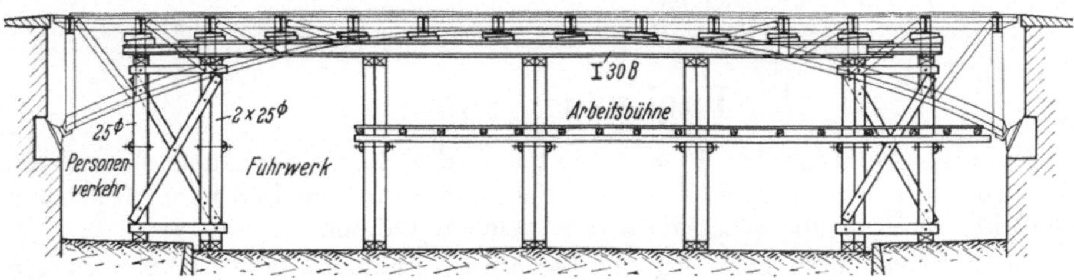

Ein Gerüst für die Verstärkung zweier Bogenbrücken über einer Straße erhielt den vorliegenden Verhältnissen entsprechend eine eigenartige Ausbildung (Abb. 19); es waren die Lager auszuwechseln und die Bögen durch Auflegen von Lamellen zu verstärken; man fing nun nicht die Bögen, sondern die Fahrbahn ab. Das Bockgerüst der üblichen Ausführung wurde unter die Querträger gestellt, die durch Doppelkeile auf die Gerüstträger gelagert wurden. Die Bögen hingen nun an den Querträgern,

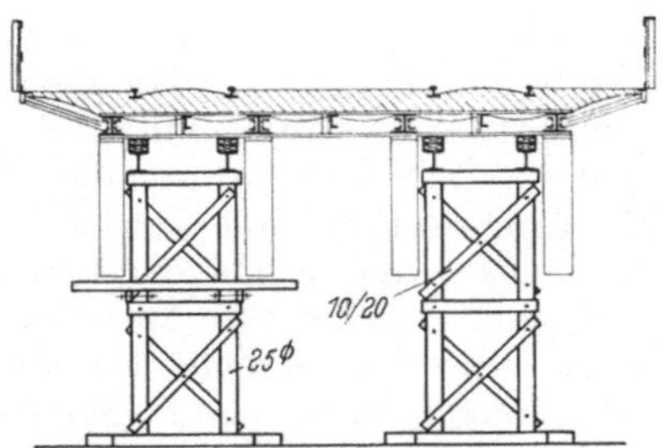

Abb. 19. Gerüst für eine Brückenverstärkung.

sie waren vollständig entlastet und konnten im spannungslosen Zustand verstärkt werden. Der Betrieb über die Brücke blieb unbehelligt.

Abb. 20. Verlegen einer Gerüstbrücke mittels Kabelkran.

Für die Montage leichter Brücken kleinerer und mittlerer Stützweiten über tiefe Schluchten hat sich im Ausland die Gerüstbrücke nach Abb. 20, die mit Hilfe eines Kabelkranes eingelegt wird, bewährt. Das dünne und leichte Kabelseil wird quer über dem Boden der Schlucht ausgelegt, alsdann werden die Seilenden von den Widerlagern aus mittels Hilfstauen hochgezogen und beiderseitig über vorher aufgestellte Böcke gelegt. Nach der Verankerung des einen Endes wird das zweite Ende durch einen Flaschenzug so lange angespannt bis der vorgeschriebene Durchhang des Kabelseiles erreicht ist und das Gerüst mit dem vierrädrigen Wagen vorgebaut werden kann; auf dem Gerüst erfolgt anschließend die Montage der Brücke. Die Gewichte und Längen der Konstruktionsglieder der Gerüstträger und der Böcke für die Auflagerung des Kabelseiles sind so niedrig bemessen, daß ihr Transport selbst auf dem schwierigsten Gelände von Hand möglich ist.

Fachwerkbrücken.

Die reine Montage der Fachwerkbrücken, das Zusammenbauen, Ausrichten Verdornen, Verschrauben usw. — vom Schweißen wird zur Zeit kaum Gebrauch gemacht, verläuft überwiegend in den gleichen Bahnen.

Die Fahrbahnen, gleichgültig ob es sich um Eisenbahn- oder Straßenbrücken handelt, sind selbst bei Abdeckungen aus Buckelplatten oder Tonnenblechen einfache Trägerroste, die Querschnittsformen der Gurtungen, Streben, Verbände und Portale der Hauptträger besitzen abgesehen von ihrer Größe keine nennenswerten Unterschiede; die Stützweiten, ferner die Breite der Fahrbahn und die Belastung, sowie die Feldweiten der Hauptträger beeinflussen zwar die Abmessungen und Gewichte der einzubauenden Teile, trotzdem tragen die Anschlüsse und Stöße ein ziemlich einheitliches Gepräge. Die konstruktiven Einzelheiten geben nur Anlaß zu Abweichungen vom Regelverlauf der Montage, wenn besondere örtliche Verhältnisse vorliegen. So gewinnt die Montage im allgemeinen einen handwerklichen Charakter, zumal der Zusammenbau bei dem hoch entwickelten Stand der Hilfsmittel auf keine technischen Schwierigkeiten stößt. Die Baustelle kann auch bei großen Überbauten unbedenklich einem Richtmeister übertragen werden, die Tätigkeit des Montageingenieurs beschränkt sich auf die übliche Überwachung der Baustelle, der Größe der Belegschaft, den richtigen und rechtzeitigen Einsatz der Arbeitskolonnen und der Löhne.

Abgesehen von besonderen Fällen erfordert die Montage stets ein Gerüst, sie beginnt mit dem Auslegen der Untergurte, dem Einbau des unteren Verbandes; befindet sich die Fahrbahn unten, so wird sie gleichzeitig verlegt, anschließend folgt das Verdornen und Verschrauben der Stöße und Anschlüsse.

Die Holzstapel zwischen den Gurtungen und dem Gerüst werden zur Vermeidung unzulässiger Biegungsspannungen in den Gurten unter jedem Knoten oder in seiner unmittelbaren Nähe angeordnet, die Höhe der Stapel muß für das Ansetzen der Nietwinden, das Einbauen der Lager und das Freisetzen der fertigen Brücke ausreichen.

Die Überhöhung der Brücke ist vom Beginn der Arbeit an zu beachten, die Holzstapel drücken sich unter der Last zusammen, auch gibt das Gerüst in der Regel — zum Teil unregelmäßig — nach; es ist geboten, die Höhenlage der Knoten dauernd so lange zu überwachen, bis beide Hauptträger geschlossen, verdornt und verschraubt sind. Ist von vornherein mit einem starken Setzen des Gerüstes zu rechnen, so empfiehlt sich den Stich der Brücke etwas größer wie vorgesehen zu halten und auf diese Weise dem lästigen Anheben der Knoten aus dem Wege zu gehen. Zum Einregeln der Höhenlager reichen bei leichten Brücken Schraubenspindeln aus, bei schweren Brücken muß zur Verwendung von Druckwasserpressen gegriffen werden.

Über den weiteren Verlauf des Zusammenbaues gibt die Abb. 21 der Montage einer Eisenbahnbrücke eine anschauliche Darstellung. Dem Einsetzen der Streben und Pfosten folgt der Einbau der Obergurte der Portale und des oberen Verbandes und bei obenliegender Fahrbahn der gleichzeitige Einbau der Quer- und Längsträger und des Windverbandes nachdem zuvor die senkrechten Verbände eingesetzt worden sind.

Bei untenliegender Fahrbahn kann mit dem Aufreiben und Vernieten derselben, ebenso des unteren Verbandes, schon während des Aufbaues des Hauptträgers begonnen werden; ferner können anschließend die Stöße der Untergurte geschlossen werden, wenn sich zeigt, daß das Gerüst zur Ruhe gekommen ist, dagegen soll das Vernieten des übrigen Teiles der Hauptträger so lange unterbleiben, bis der Zusammenbau einschließlich des Verdornens und Verschraubens beendet ist.

Werden die Hauptträger in der Werkstatt vollständig zusammengebaut, so bestehen, vorausgesetzt, daß die Überhöhung eingehalten wird, keine Bedenken, die Löcher der Stöße schon in der Werkstatt auf den endgültigen Durchmesser aufzureiben, jedoch sind auf der Baustelle Dorne von entsprechender Stärke

Abb. 21. Montage einer Fachwerkbrücke.

zu benutzen. Dieses Vorgehen führt zu einer fühlbaren Ersparnis an Baustellenlöhnen und zu einer Verkürzung der Bauzeit; es trägt weiterhin, was nicht außer acht bleiben darf, zu einer sauberen Ausführung der Löcher bei.

Nach der Beendigung der Nietarbeit und des Einbaues der Lager wird die Brücke freigesetzt; das Ablassen hat gleichmäßig und nötigenfalls absatzweise zu geschehen, um Überlastungen des Gerüstes zu unterbinden.

Das bevorzugte Einbaugerät bei Fachwerkbrücken ist der fahrbare Portalkran, der bei leichten Brücken mit Handantrieb ausgerüstet ist, ihm werden die einzubauenden Teile vom Lagerplatz aus auf einem Transportgleise zugeführt, er wechselt seinen Platz dem Fortschritt der Arbeit entsprechend. Ihn auch zur Beförderung der Einbauteile auf dem Gerüst zu benutzen, würde unwirtschaftlich sein. Bei der Montage schwerer Brücken ist der elektrische Antrieb des Hubwerkes und des Laufwerkes der Katze heute nicht mehr entbehrlich. Zweckmäßig erhält dann das Fahrwerk des Kranes ebenfalls elektrischen Antrieb, so daß der Kran in geeigneten Fällen neben dem Einbauen den Transport auf dem Gerüst übernehmen kann. Im allgemeinen genügt ein Hubwerk für den Kran, jedoch sind vereinzelt, z. B. beim Bau der Donaubrücke bei Pancevo zur Beschleunigung der Arbeit, zwei Hubwerke verwendet worden.

Die Verwendung eines Portalkranes der üblichen Bauart setzt voraus, daß der Kran die Brücke umschließt, d. h. daß die Füße außerhalb der Hauptträger stehen, und daß der Zwischenraum zwischen dem Lasthaken der Katze und den höchsten Teilen der Brücken für das Einbauen ausreicht. Lassen sich diese Bedingungen nicht erfüllen, so ist es vorzuziehen, an Stelle von Portalkranen besonderer Bauart andere Hebezeuge, z. B. den Schwenkmast, zu verwenden.

Die Abb. 22 zeigt ein Gerät, das bei der Montage einer Oderbrücke benutzt wurde; an einem quadratischen, gedrungenen Stahlturm mit verbreitertem Fuß sind zwei schwenkbare Ausleger, an deren Spitze die Flaschenzüge hängen, angebracht. Elektrowinden bedienen die Züge; während die Züge zum Heben und Senken der Auslegerspitzen an Handwinden angeschlossen sind. Das

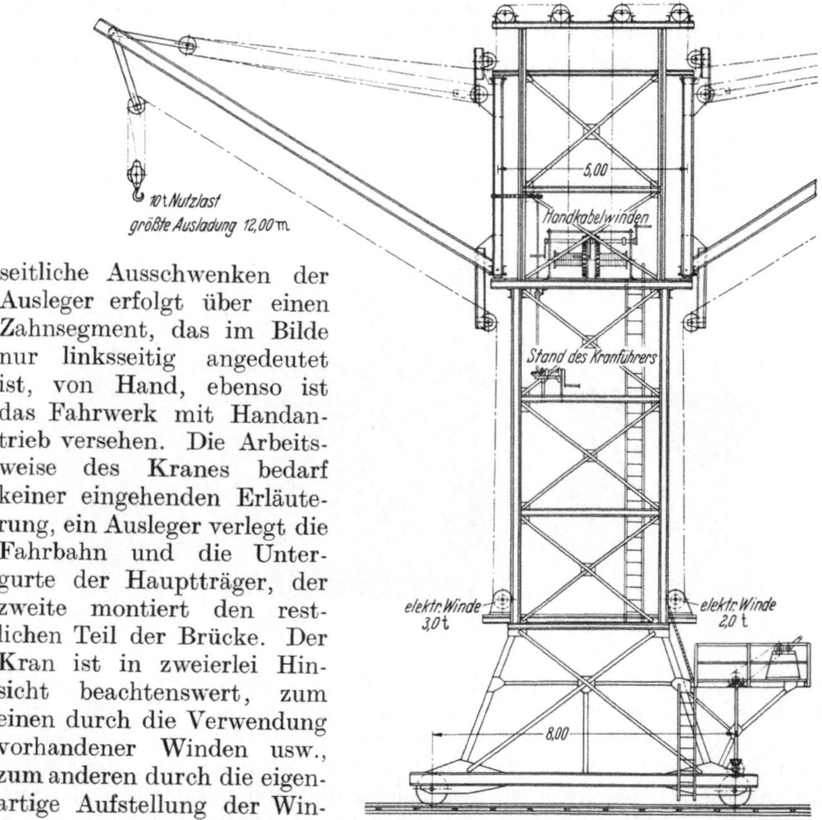

seitliche Ausschwenken der Ausleger erfolgt über einen Zahnsegment, das im Bilde nur linksseitig angedeutet ist, von Hand, ebenso ist das Fahrwerk mit Handantrieb versehen. Die Arbeitsweise des Kranes bedarf keiner eingehenden Erläuterung, ein Ausleger verlegt die Fahrbahn und die Untergurte der Hauptträger, der zweite montiert den restlichen Teil der Brücke. Der Kran ist in zweierlei Hinsicht beachtenswert, zum einen durch die Verwendung vorhandener Winden usw., zum anderen durch die eigenartige Aufstellung der Winden und die klare Führung und Umleitung der Seile.

Abb. 22. Fahrbarer Turm mit zwei Schwenkkranen.

Die Benutzung eines regelspurigen Dampfkranes beim Bau von kleinen Fachwerkbrücken über einen Kanal ist in der Abb. 23 festgehalten. Die Lage der Brücken an einem Bahnhof erlaubte den Einbau von einem Ausziehgeleise aus ohne Behinderung des Betriebes.

Unter bestimmten Verhältnissen kann man gezwungen werden, den Hauptträger einschließlich des entsprechenden Teiles der Fahrbahn feldweise zu montieren, d. h. nach dem Verlegen der Endstücke der beiden Hauptträger-Untergurte, des zugehörigen Abschnittes der Fahrbahn und des unteren Verbandes werden das Endportal, die Pfosten und Schrägen oder Streben sowie die beiden Obergutstücke, und endlich der obere Verband eingebaut, verdornt und verschraubt; anschließend folgt das nächste Feld. Auf diesem Wege wurde die Brücke Abb. 28, S. 36, zusammengebaut. Bei dieser Arbeitsweise ist zu beachten, daß die Brückenachse die vorgeschriebene Lage erhält und nicht etwa von der Richtung abweicht, andernfalls muß die Brücke nach der Fertigstellung in die richtige Stellung eingeschwenkt werden. Die Stöße und An-

schlüsse dürfen zunächst nur leicht verdornt und verschraubt werden, um das
Einhalten der Überhöhung zu erleichtern. Unter Umständen muß die Lage
der Gurtstöße dem feldweisen Einbau angepaßt werden.

Die feldweise Montage bildet den Vorläufer des freien Vorbaues, eine grundlegende Voraussetzung dieser Bauweise ist das Vorhandensein eines Rück-
haltes für den auskragenden Teil, falls ein solcher nicht schon in der Grundform
der Brücke, z. B. bei über mehrere Stützen durchlaufenden Hauptträgern,
gegeben ist; ein Zustand, der sich bei weitgespannten Brücken durch die Anordnung eines Stützbockes in der Nähe der Brückenmitte schaffen läßt. Als
Rückhalt lassen sich an die im Bau befindlichen Brücke anschließende Überbauten verwenden, die Verbindung zwischen den Unterbauten ist biegungsfest

Abb. 23. Montage mit Dampfkran.

auszuführen. Überschreiten die während der Montage auftretenden Spannungen
die zulässige Grenze, so ist zu überlegen, ob eine Verstärkung der betreffenden
Stäbe oder die Benutzung von Rückverankerungen[1] wirtschaftlicher wird,
die Verankerung muß mit einer Vorrichtung zum Ablassen der Spannung
nach der Fertigstellung der Brücke ausgerüstet werden.

Gelenke in den Hauptträgern werden während der Montage außer Wirkung gesetzt; besondere Maßnahme sind erforderlich, sobald bei zweiseitigem
Vorbau die Schlußstücke eingebaut werden, es ist in solchem Falle nicht zu
umgehen, die Schlußstücke nach den auf der Baustelle genommenen Ausmaßen
in der Werkstatt fertigzustellen. Das Schließen wird erleichtert, sofern die
Möglichkeit besteht, die eine Brückenhälfte mitsamt dem Rückhaltträger in
die Längsrichtung zu verschieben.

Als Einbaugeräte benutzt man Schwenkmaste oder drehbare Auslegerkräne,
sie stehen meistens auf der Fahrbahn, bei parallelgurtigen Hauptträgern kann
die Verwendung einer auf den Obergurten angeordneten fahrbaren Bühne
zur Aufnahme der Hebezeuge vorteilhaft sein.

Die Leitung eines freien Vorbaues sollte stets einem geschulten Ingenieur
mit besonders entwickeltem Verantwortungsgefühl übertragen werden, man
darf nicht verkennen, daß das Arbeitsverfahren mit hohen Gefahren für Leib

[1] Schaper: Grundlagen des Stahlbaues, S. 261, Abb. 405.

und Gut verknüpft ist, und daß daher alle Sicherheitsvorkehrungen großer Aufmerksamkeit bedürfen; die dauernden Messungen für das Einhalten der vorgeschriebenen Höhenlage der Knotenpunkte im Verlauf der Montage, sowie das Einhalten der richtigen Lage der Brückenachse stellt Anforderungen an die Kenntnisse und die Umsicht des Baustellenleiters, denen ein Richtmeister nicht gewachsen ist.

Der frei Vorbau hat sich in neuerer Zeit wegen seiner Wirtschaftlichkeit beim Bau weitgespannter Brücken durchgesetzt, er erlaubt es dem wachsenden Schiffsverkehr genügenden Raum zu seiner Abwicklung ohne Überbrückung der Schiffahrtsöffnung durch schwere und teuere Hilfsbrücken zu gewähren und schaltet den kostspieligen Wahrschau und Schleppdienst weitgehend aus.

Im Laufe der Jahre wuchsen die Belastungen der im Betrieb befindlichen Brücken zu einer Höhe an, die zur Überschreitung der zulässigen Beanspruchungen führte, allerdings wurden die Eisenbahnbrücken in erheblich stärkerem Umfange betroffen als die Straßenbrücken. Zunächst begnügte man sich mit der Verstärkung der überbeanspruchten Querschnitte, verließ jedoch bald diesen Weg, der auf die Dauer nicht befriedigen konnte, und ersetzte namentlich in den Hauptstrecken der Eisenbahn die alten Brücken durch neue, deren Tragfähigkeit für die weite Zukunft ausreichen dürfte. Die alte Generation von Brücken stirbt aus, leider mußte manches schöne Bauwerk, erinnert sei an die Rheinbrücken in Köln, den gesteigerten Ansprüchen des Verkehrs zum Opfer fallen.

Diese Entwicklung stellt den Brückenbau vor neuartige, und zum Teil schwierige Aufgaben, bei deren Lösung die Vermeidung jeglicher Betriebsstörung und Unterbrechung gepaart mit der Wahl eines wirtschaftlichen Montagevorganges im Vordergrund steht. Der ersten Forderung nachzukommen ist einfach, sobald die Überführung aus zwei oder mehr nebeneinanderliegenden eingleisigen Brücken besteht und der Verkehr für die Dauer der Auswechslung auf einem Gleise bewältigt werden kann. Die zweite läßt sich häufig durch die Verwendung der alten Überbauten als Gerüst für den Neubau erfüllen; es sollen drei beachtenswerte Ausführungen dieser Art besprochen werden.

Sehr geschickt wurden die günstigen Verhältnisse beim Umbau einer Überführung der Oder ausgenutzt; es waren 2 Züge von je 11 eingleisigen Überbauten gleicher Stützweite zu erneuern, die Hauptträger der alten Überbauten waren parallelgurtig, diese Trägerform wurde bei den neuen Überbauten beibehalten, auch blieb die Feldteilung unverändert, lediglich in den Außenmaßen ergaben sich kleine belanglose Abweichungen (Abb. 24 und 25).

Zur Beschleunigung der Arbeiten entschloß man sich, in zwei Öffnungen eines jeden Brückenstranges zu arbeiten, und mit der Auswechslung in der Mitte der Überführung beginnend nach den Widerlagern fortzuschreiten. Die Einbaugerüste ruhten in der Arbeitsstellung auf den beiden anschließenden Überbauten, daher wurden die beiden Brücken V und VII zu Rüstungen hergerichtet, um zunächst die Überbauten in diesen Öffnungen zu erneuern. Das Bauwerk VI wurde nach der Beendigung der Arbeiten in der Öffnung V nachgeholt.

Um freie Bahn für das Arbeiten der Hebezeuge beim Abbruch der alten und beim Aufbau der neuen Brücken und beim Transport auf dem Arbeitsgerüst zu gewinnen, war es notwendig, bei der Umänderung der alten Brücken zu Gerüsten die Hauptträgerentfernung um 1,46 m zu verringern. Zu diesem Zweck setzte man die umzubauende Brücke nach der Entfernung der Lager an beiden Enden auf je zwei gekuppelte I-Träger ab, verkürzte die Querträger und die Pfosten des unteren Windverbandes durch Ausschneiden eines Mittelstückes um das erforderliche Maß. Nach dem Ausbau der beiden Windverbände und der senkrechten Verbände zwischen den Hauptträgern wurden die Hauptträger durch Verschieben auf den Auflagerträger einander auf das vorgesehene

Maß genähert, die Stöße der Querträger und der Pfosten des unteren Windverbandes gelascht und die entsprechend gekürzten Diagonalen der Verbände
wieder eingebaut. In diesem Zustand.hob man die umgeänderte Brücke um

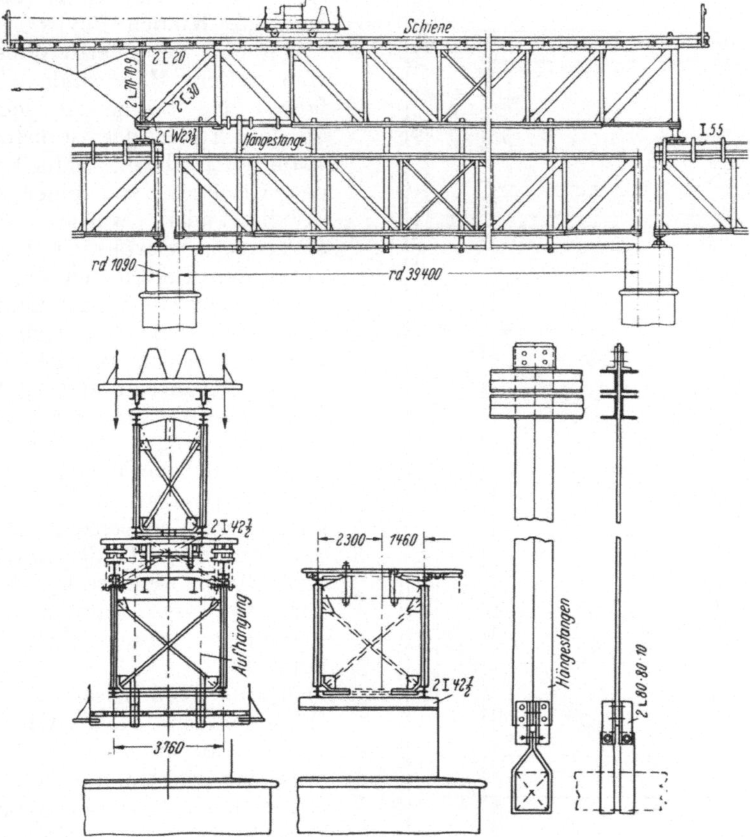

Abb. 24. Umbau einer alten Brücke zum fahrbaren Gerüst.

Abb. 25. Gerüst nach Abb. 24 während der Montage.

das erforderliche Maß an, verlängerte sie nach der Strommitte zu um ein Feld
von 3,94 m Länge und nach dem Widerlager zu durch einen um 7,5 m weit
frei vorragenden Schnabel und brachte sie schließlich durch Längsverschieben
in die erste Arbeitsstellung.

Die weitere Ausrüstung der Gerüste umfaßte eine Windenbühne, die auf einer unter Einschaltung hölzerner Schwellen auf den Obergurten der Gerüstträger ruhenden Fahrbahn lief. Die Bühne trug zwei von Hand betätigte Winden (für jeden Hauptträger eine gesonderte Winde) und eine weitere Handwinde zum Verfahren der Bühne an den einem an den Enden des Gerüstes eingespannten Drahtseil. Zum Verfahren des Gerüstes von einer Öffnung in die andere wurden zwei normalspurige, vierrädrige Laufwagen unter den Endpfosten der Gerüstträger angeordnet. Als Laufbahnen dienten auf den Obergurten der alten bzw. der neuen Brücke liegenden Gleise. Während der Benutzung des Gerüstes waren die Laufwagen entlastet, seine Auflast wurde durch untergeschobene Träger auf Unterzüge übertragen, die auf den Endknoten und den benachbarten Knoten der Obergurte der anschließenden Überbauten verlagert waren, auf diese Weise wurden Biegungsspannungen in den Gurten unterbunden.

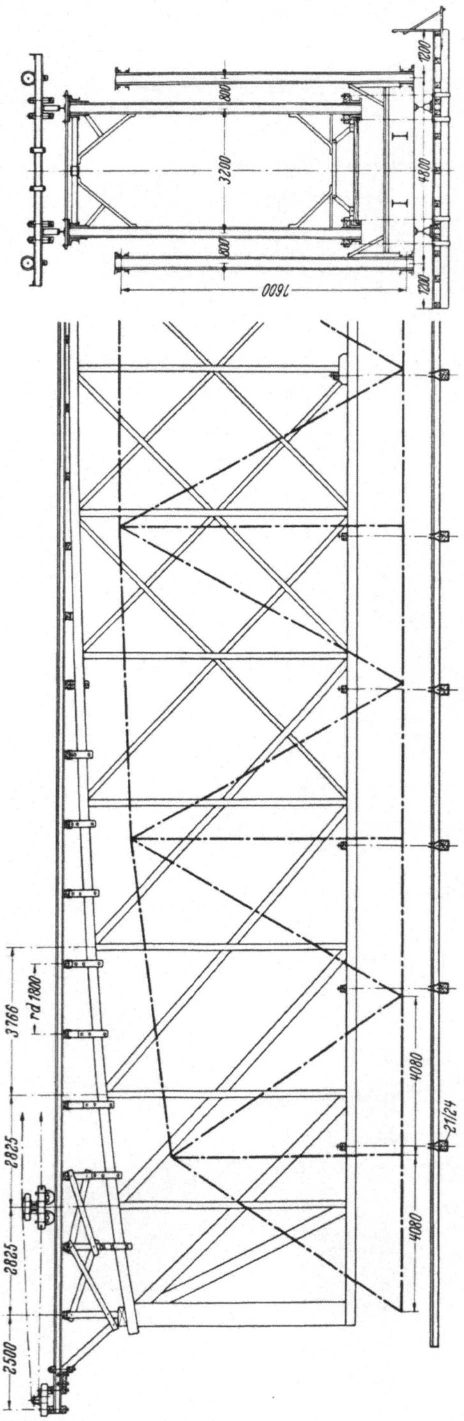

Die aus Flacheisen bestehenden Hängestangen der Arbeitsbühne wurden durch den Zwischenraum zwischen den Untergurthälften der Gerüstträger gesteckt und durch kurze Winkelstücke aufgelagert. Die Bühne, auch die in Schlaufen am Ende der Hängestange liegenden Querträger derselben, bestand aus Holz, nur unter den Hauptträgern der Brücken waren I-Träger verlegt.

In den beiden Schiffahrtsöffnungen durfte die lichte Durchfahrtshöhe während der Montage nicht eingeschränkt werden, die Rüstung mußte in ihnen höher gelegt werden wie in den übrigen Öffnungen.

Bei der erhöhten Lage war das Gerüst der Gefahr des Kippens ausgesetzt, ihr begegnete man durch eine kreuzförmige Verankerung zwischen dem Gerüst und den dasselbe tragenden Brücken.

Abb. 26. Alte Brücke als Innengerüst.

Ein näheres Eingehen auf den Verlauf des Abbruches der alten Brücke und der Montage der neuen Brücke erübrigt sich; diese Arbeiten hielten sich in dem üblichen Rahmen.

Bei der Auswechslung einer Elbeüberführung benutzte man ebenfalls die alten Brücken als Gerüst, jedoch ließen die Höhe der Hauptträger und die Krümmung der Obergurte es nicht zu, den vorstehend geschilderten Weg einzuschlagen. Man baute nun die alten Überbauten in ähnlicher Weise wie bei den Oderbrücken zu einem Gerüst um, indem man unter Verschmälerung des oberen und des unteren Windverbandes dabei die Querträger durch die leichte Verspannung aus Fachwerk ersetzend, die Hauptträgerentfernung auf 3 m verringerte. Das so gewonnene Gerüst wurde um etwa 2 m gehoben, die Arbeitsbühne angehängt und die neue Brücke um das innenliegende Gerüst montiert (Abb. 26). Die Auflagerung der Laufbahn auf den gekrümmten Obergurten der alten Hauptträger erforderte Aufsattlungen, die in Holz erstellt waren. Der fertiggestellte neue Überbau diente wiederum als Gerüst für den Abbruch der alten Konstruktion. Eine Überblick über die Arbeit gewährt Abb. 27.

Abb. 27. Montage mit Innengerüst.

Eine weiteres beachtenswertes Beispiel der Benutzung der alten Brücken als Gerüst bietet der Umbau einer eingleisigen Hubbrücke; an Stelle der vorhandenen Hubbrücke von 40 m und der anschließenden festen Brücke von 50 m Stützweite war eine beide Öffnungen überspannende Hubbrücke von 90 m Stützweite zu setzen. Der Pfeiler zwischen den alten Bauwerken kam in Fortfall. Die Auswechslung ließ sich in diesem Falle bei stillgelegtem Eisenbahnbetrieb durchführen.

Die Arbeitsbühne liegt auf den Obergurten der beiden auszubauenden Brücken (Abb. 28) und erstreckt sich über diese hinaus auf die rechts und links anschließenden Überbauten; die sich aus den Krümmungen der Gurtungen und den verschiedenen Systemhöhen der Brücken ergebenden Höhenunterschiede in der Auflagerung der Bühne sind durch Aufsattlungen ausgeglichen. Die Bühne besteht aus Holz mit Ausnahme der Träger unter den Hauptträgern der neuen Brücke; die Pfosten der alten Brücken erhielten eine Verstärkung aus angeklemmten Hölzern, zwischen den Pfosten eingebaute senkrechte Querverbände entlasteten den oberen Windverband, der nicht ausreichte, die Kräfte aus der Vergrößerung der Windflächen während der Montage aufzunehmen.

Die auf der rechtsseitig anschließenden Brücke etwas erhöht liegende Bühne trägt einen fahrbaren Portalkran zum Hochziehen der Einbauteile; er legt sie auf einen Transportwagen, dessen Gleise dem Fortschreiten des Zusammenbaues des neuen Bauwerkes folgend verlängert wird.

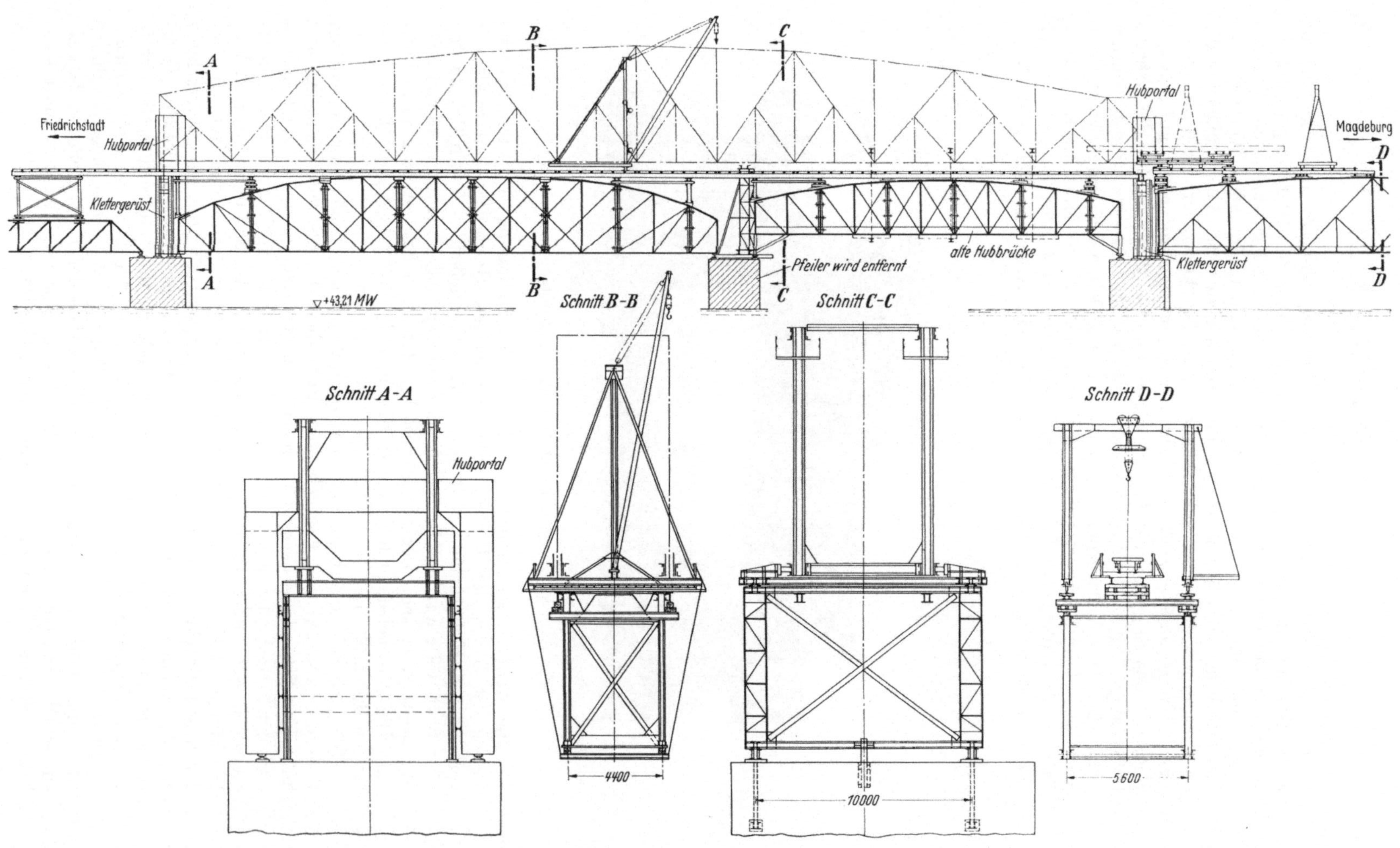

Abb. 28. Montage auf vorhandenen Brücken.

Der Schwenkmast als Einbaugerät bot zwei Vorteile, er schränkte die Gerüstbreite auf das geringste Maß ein, ein Portalkran würde eine erheblich größere Breite, die ohne eine schwere Unterkonstruktion und damit ohne eine erhebliche Kostenvermehrung nicht durchführbar, verlängt haben; sodann montierte man mit dem Schwenkmast die beiden Hubportale. Die Kosten für das kurze Auslaufgerüst auf der linksseitig anschließenden Brücke fielen unter diesen Umständen nicht ins Gewicht, ebensowenig die Schwierigkeiten, die sich aus dem feldweisen Vorbau des Überbaues ergaben.

An die Fertigstellung der Brücke und ihre behelfsmäßige Verlagerung schloß sich der Abbruch der beiden alten Überbauten.

Erlauben die Verhältnisse die längere Außerbetriebnahme einer auszuwechselnden Brücke nicht, darf der Betrieb nur kurzfristig unterbrochen werden, so kann die gestellte Aufgabe nur auf einem Wege gelöst werden; man montiert den neuen Überbau abseits des endgültigen Standortes, entfernt die alte Brücke in unzerlegtem Zustande und setzt das neue, fertige Bauwerk an ihre Stelle.

Das Überführen fertiger Brücken von der Montagestelle zum Standort beschränkt sich nicht auf Auswechslungen, es findet vielmehr auch bei Neubauten vielfach Anwendung; die von den Brücken zurückzulegenden Wege sind häufig recht beträchtlich. Die Gründe des Vorgehens sind verschiedener Natur, bisweilen sprechen wirtschaftliche Erwägungen mit, bisweilen die Unmöglichkeit, die zu überbrückende Öffnung auszurüsten, bisweilen die Rücksichtnahme auf den Verkehr und ähnliches; dabei ist es gleichgültig, ob Straßen, Gleisanlagen oder Gewässer überbrückt werden; bei schiffbarem Wasser kommen die Vorteile des Verfahrens besonders stark zur Geltung.

Überwiegend ist bei Auswechslungen die Querverschiebung, man baut in diesem Falle rechts und links des vorhandenen Überbaues Gerüste, eines zur Montage des neuen, das andere zum Abbruch des alten Überbaues. Auf die sichere Unterstützung der Verschubbahnen ist besonderer Wert zu legen; Versackungen der Bahnen können leicht zu unangenehmen Zwischenfällen führen. Besteht die Möglichkeit, das Mittelstück der Bahnen, die ja ohnehin zweckmäßig dicht an die Brückenenden verlegt werden, auf den Pfeilern zu verlagern, so darf dieser Vorteil nicht unausgenutzt bleiben; daß die Bahnen genau gleichgerichtet verlaufen müssen, wird der Vollständigkeit halber erwähnt. Es ist unbedenklich, leichte Brücken mittels Rollen oder Walzen zu verschieben, doch bleibt die Verwendung von Wagen, deren Räder entweder unmittelbar auf die Flanschen der Verschubbahnträger, besser aber auf Eisenbahn- oder Kranschienen gesetzt werden, vorzuziehen.

Die fertiggestellte neue Brücke wird für das Verschieben mit der alten Brücke durch druckfeste Kupplungen verbunden, weiter werden die Seilzüge angebracht; ob man sich mit einfachen durch Winden betätigten Zügen begnügen kann, oder ob Flaschenzüge eingeschaltet werden, hängt von der Größe der zu bewegenden Last ab, ebenso ob Handantrieb oder elektrischer Antrieb der Winden gewählt wird, letzterer verkürzt die Fahrzeit erheblich, was mit Rücksicht auf die verfügbare Zeit sehr erwünscht sein kann.

Durchgängig erhalten die neuen Überbauten auch neue Auflagen, man ersetzt vor dem Verschieben meistens die alten Auflagen durch Klotzlagen von Harthölzern, letztere nehmen zunächst auch die neue Brücke auf, ihre Auswechslung durch die neuen Auflager geschieht zu späterer Zeit. Gleichzeitig mit den angeführten Arbeiten wird die neue Brücke auf die Verschubwagen gesetzt und die Vorkehrungen zum Anheben der alten Brücke getroffen und die Wagen zum Unterbauen bereitgestellt.

Die Maßnahmen zur beschleunigten Wiederaufnahme des Verkehrs sind bei Eisenbahnbrücken einfacher Natur, das auf der neuen Brücke rechtzeitig verlegte Gleis nach dem Verschieben anzuschließen, bereitet weder Mühe, noch Zeitverlust; anders bei Straßenbrücken, bei ihnen empfiehlt sich vorübergehend einen einspurigen Wechselverkehr auf der alten und der neuen Brücke einzurichten; man gewinnt auf diesem Wege zwei Vorteile, die Länge der Unterbrechung in der Fahrbahn und damit die Zeit für Trennen und Schließen wird auf ein Mindestmaß eingeschränkt, zum anderen kann die Fahrbahnbreite auf der alten und neuen Brücke geschmälert und das zu bewegende Gewicht herabgesetzt werden. Auf Einzelheiten einzugehen wird verzichtet.

Abb. 29. Brückenauswechslung durch Querverschieben.

Die Reihenfolge der Vorgänge beim Verschieben ist folgende: Unterbrechung der Gleise oder der Fahrbahn, Anheben der alten Brücke, Unterschieben der Wagen, Absetzen der Brücke auf die Wagen, gleichzeitiges Verschieben beider Überbauten, Absetzen der neuen Brücke auf die Klotzlagen, Anschluß der Gleise oder Fahrbahn. Die gleichmäßige Bewegung der beiden Brückenenden ist durch optische oder akustische Zeichen zu sichern. In geeigneten Fällen, vorausgesetzt, daß genügend Zeit und genügend Mannschaften verfügbar sind, kann die Auswechslung der Lager ohne Benutzung von Klotzlagen erfolgen.

Ein anschauliches Bild gibt Abb. 29; sie zeigt eine zweigleisige Eisenbahnbrücke kurz vor dem Verschieben; das neue Bauwerk liegt auf dem linken Gerüst, das Gerüst rechts ist zur Aufnahme der alten Brücke bereit, die Windenanlage mit ihrer Überdachung ist deutlich zu erkennen.

Die Gelegenheit eine ausgebaute Brücke an anderer Stelle zu benutzen, zählt zu den Ausnahmen, sie wandert in den Schmelzofen und wird daher mit dem Schneidbrenner zerlegt; verschiedentlich sind Bleivergiftungen beim Zerschneiden alter Bauwerke aufgetreten, entsprechende Vorsichtsmaßregeln sind daher angebracht.

Der schwere achträdrige Verschubwagen nach Abb. 30 zeichnet sich durch seine gedrungene niedrige Bauart aus, ein Trägerrost, aus einem Unterzug und zwei Kopfträgern bestehend, verteilt die durch ein Kipplager übernommene Last gleichmäßig auf alle Räder. Aufmerksamkeit verdient das Anhängen der Lageroberteile einschließlich der Stelzen an die Endpfosten, diese Vorbereitung gestattete es, die Brücke nach dem Verschieben ohne weiteres auf die vorher verlegten Grundplatten der Lager zu setzen. Der erzielten Ersparnis an Zeit und Lohn gegenüber sind die Kosten des Aufhängens bedeutungslos.

Abb. 30. Verschubwagen.

Besteht die Möglichkeit, die Druckwasserpressen zum Vorbau und Senken auf die Hubwagen zu stellen, so vereinfacht und beschleunigt sich die Verschiebung, jedoch müssen die Pressen, solange die Brücken in Bewegung sind, entlastet sein.

Sind zwei nebeneinanderliegende Brücken auszuwechseln, so ändert sich das kurz geschilderte Verfahren grundsätzlich nicht, nur wird es in zwei Abschnittten ausgeführt; es verbleibt dabei, in jedem Abschnitt eine alte Brücke aus- und eine neue einzubauen. Die Länge jedes einzelnen Verschubweges ist gleich der Entfernung der Brückenachsen. Im ersten Abschnitt der Arbeit wird ein altes Bauwerk ausgeschoben, an seine Stelle tritt das zweite, das seinerseits durch die erste neue Brücke ersetzt wird, diese erreicht ihren endgültigen Standort erst beim zweiten Verschieben. Das gleichzeitige Bewegen von drei Brücken ist mit gewissen Erschwernissen verknüpft und erfordert besonders sorgfältige Vorbereitungen.

Die Auswechslung zwei nebeneinanderliegender Brücken in einem Zuge rechtfertigt sich nur unter außergewöhnlichen Verhältnissen, vergrößern sich doch die Kosten der Gerüste, deren Breite für zwei Überbauten ausreichen muß, ohne weiteres auf das Doppelte, das trifft, wenn auch nicht in gleichem Maße für die Verschubbahnen zu, ferner wachsen die Kosten für das Vorhalten der Verschubwagen, Druckwasserpressen und sonstigen Geräte an. Die Erschwernis, die entsteht, wenn die zweite alte Brücke vorübergehend an die Stelle der ersten

tritt und die erst neue Brücke im zweiten Arbeitsgang an ihrem endgültigen
Standort anlangt, ist ohne Bedeutung.

Ihrer Besonderheit halber wird die Auswechslung von zweigleisigen Eisenbahnbrücken über die Elbe kurz besprochen. Die Überführung besteht aus zwei
Strängen zweigleisiger Überbauten, der eine Strang war zu erneuern, der andere
blieb erhalten; den gesamten Verkehr für längere Zeit auf die beiden vom Umbau nicht berührten Gleise zu legen, war nicht angängig, jedoch war es möglich
den Verkehr über den auszuwechselnden Brückenstrang bei jeder einzelnen

Abb. 31. Querverschieben einer Brücke.

Auswechslung für 10 Tage zu unterbrechen. Die neuen Überbauten wurden
jeweils auf einem Gerüst neben den alten montiert; der anschließende Abbruch
der alten Brücken konnte bei den gegebenen Verhältnissen ohne Verwendung
eines Untergrüstes an Ort und Stelle vorgenommen werden; das Einbringen
des neuen Bauwerks geschah wie üblich durch Querverschieben. Die Abb. 31
zeigt die eingeschobene neue Brücke und die in diesem Falle hochliegende
Verschubbahn und im Hintergrund das Gerüst für das nachfolgende Bauwerk
mit seinen beiden Portalkranen, die Abb. 32 den Verschubwagen mit seinen
beiden Seilzügen.

Für das Einbringen fertiger Brücken durch Längsverschieben über Gewässern
stehen zwei Wege zur Verfügung, entweder werden die in der Längsachse der
zu überspannenden Öffnung montierten Bauwerke unter Zuhilfenahme eines
Stützbockes eingefahren oder auf einem mit einem Gerüst versehenen Schiff
an ihren Standort gebracht. Das hintere Ende der Brücke wird bei leichten
Brücken von Rollen, bei schweren Brücken von Verschubwagen getragen, die
auf entsprechend ausgeführten Bahnen laufen.

Beim Neubau einer Eisenbahnbrücke über die Oder wurde ein Überbau von 72,0 m Stützweite und 360 t Gewicht verfahren (Abb. 33). Die Brücke ist am vorderen Ende durch einen leichten Schnabel verlängert, der sich auf die Rollen des in der Mitte der Öffnung errichteten Stützbockes aufsetzt, bevor ein Kippen eintreten kann. In einem gewissen Abstand sind unterhalb der Hauptträgeruntergurte Rollträger angeordnet; sie schalten Biegungsspannungen in den Gurtungen aus und schaffen ferner eine glatte Bahn, die die Unterfläche der Gurte mit ihren hervorspringenden Nietköpfen, Laschen usw. nicht bietet.

Abb. 32. Verschubvorrichtung für die Brücke der Abb. 31.

Das Stützgerüst hat außer den senkrechten Lasten erhebliche waagerechte Kräfte aus der Rollenreibung aufzunehmen und ist dementsprechend kräftig verstrebt.

Eine während des Krieges erbaute Straßenbrücke von 640,0 m Länge über die Weichsel ist ebenfalls unter Anwendung des Längsverschiebens von beiden Ufern aus vorgestreckt worden (Abb. 34). Die Überbauten von 40 m Stützweite wurden einzeln am Ufer montiert, das Verschieben setzte auf beiden Ufern gleichzeitig nach der Fertigstellung der beiden ersten Überbauten ein, die durch einen biegungsfesten Stoß miteinander gekuppelt, unter Verwendung eines Schnabels zunächst über die erste und zweite Öffnung gezogen wurden. Die Winden zum Vorwärtsschieben der Überbauten griffen an der Spitze des Schnabels an, sie standen auf den Pfahljochen. Anschließend montierte man auf jedem Ufer die dritte Brücke an die zweite an, verschob den so gebildeten Strang um eine weitere Öffnung vor und setzte die Arbeit fort, bis die einzelnen Überbauten ihren vorgesehenen Platz erreicht hatten. Eine Öffnung ungefähr in der Strommitte war als Schiffahrtsöffnung ausgebildet; die Konstruktionsteile wurden in Prähmen angefahren und von den benachbarten Brücken aus eingebaut. Die biegungsfesten Stöße wurden später gelöst, da bei der Auflagerung der Brücke auf gerammten Jochen das Durchlaufen der Hauptträger nicht tunlich war. Es gelang, trotz der großen Länge der beiden

Abb. 33. Längsverschieben einer Brücke.

Stränge, jede seitliche Abweichung ihrer Achsen zu vermeiden. Der untere Lagerkörper der beweglichen Auflager war derartig ausgebildet, daß die Auflagerwalzen als Rollen beim Verschieben benutzt werden konnten. Die Spitzen der Schnäbel waren, um ein stoßfreies Aufsetzen der Schnäbel auf

Abb. 34. Längsverschieben eines Brückenstranges.

die Rollen zu erzielen, leicht gebogen. Als Rollträger dienten die Fahrbahnlängsträger, die unter den Untergurtungen befestigt waren.

Das Vorhandensein schiffbaren Gewässers an der Baustelle legt es nahe, vom Einschwimmen der fertigen Brücken Gebrauch zu machen. Dieses Verfahren hat sich ausgezeichnet bewährt und im Laufe der Zeit mehr und mehr eingebürgert, zumal ernstliche Schwierigkeiten bei seiner Ausführung nicht bestehen. Auf der anderen Seite darf nicht verkannt werden, daß die Vorbereitungen in jedem Einzelfall sorgfältiger Überlegung bedürfen, um Gefahren zu vermeiden. Es liegt nicht im Rahmen des Buches, die eingeschlagenen Wege eingehend zu erläutern, es genügt vollkommen, kurze Hinweise auf wichtige Einzelheiten zu geben.

Die verwendeten Schiffe, am besten eignen sich Schuten und offene Kähne ohne Mittelkajüten, sollen unter allen Umständen einen reichlichen Überschuß an Tragfähigkeit aufweisen. Die Bordkante muß hoch genug über dem Wasser liegen, um ein Einschlagen von Wasser, z. B. durch vorüberfahrende Dampfer usw. mit Sicherheit auszuschließen. Weiter ist Sorge zu tragen, daß die Last

Abb. 35. Kahn mit hohem Gerüst.

gleichmäßig über den Schiffsboden verteilt wird. Liegt die Brücke hoch genug über dem Wasser wie beim Verschwimmen der Straßenbrücke nach Abb. 35, so läßt sich das Bockgerüst zur Aufnahme der Brücke durch entsprechende Spreizen der Pfosten so ausbilden, daß die wünschenswerte Verteilung der Last gewährleistet wird. Ist die Entfernung zwischen dem Wasserspiegel und der Brücke für eine solche Ausbildung nicht ausreichend, so muß zur Verwendung von Verteilungsträgern gegriffen werden. Die Ausrüstung der Schiffe für das Einschwimmen einer Straßenbrücke über die Elbe wird wegen ihrer mustergültigen Ausführung kurz erörtert (Abb. 36). Benutzt wurden je zwei miteinandergekuppelte Baggerschuten von 3 m

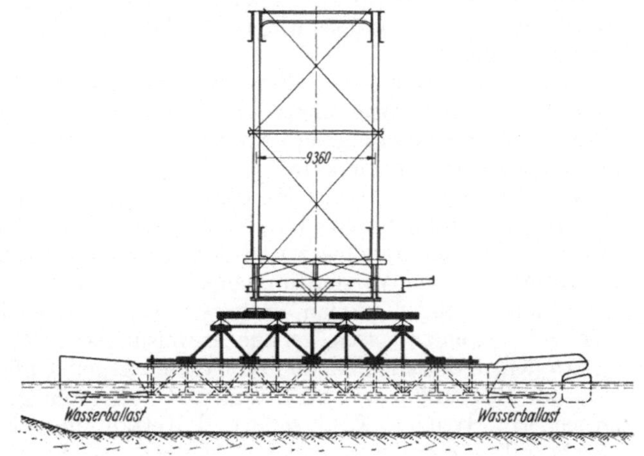

Abb. 36. Kahn mit Verteilungsträgern.

Seitenhöhe mit einem Tiefgang von 2,45 m bei der zulässigen Belastung von 625 t. Die Verteilungskonstruktion wog, soweit sie aus Stahl hergestellt war, 15 t und die sie ergänzende Holzkonstruktion 37 t je Schute. Bei der großen Länge der vorderen und hinteren Kajüte erwies es sich, um unzulässige Beanspruchungen des Schiffskörpers zu vermeiden, notwendig, die Schiffsenden auszulasten. Zu diesem Zweck wurde unter den Kajütenböden Wasserballast von 28 t im Vorderschiff und 20 t im Hinterschiff eingebracht. Das Gewicht der Brücke belief sich auf 940 t. Die gesamte Belastung je Schute, Eigengewicht, Ausrüstung, Ballast und Anteil der Brücke stellte sich auf 400 t; unter dieser Last tauchten die Schuten 1,55 m ein, während die Tauchtiefe ohne Brücke 0,63 m betrug.

Es empfiehlt sich, beim Verschwimmen jedes Stützgerüst, wie dies in beiden besprochenen Fällen geschah, auf zwei gekuppelten Fahrzeugen aufzubauen. Die Schiffe werden durch quergelegte, an allen vier Seitenwänden kräftig befestigte durchlaufende Träger oder Balken und durch waagerechte Verspannungen unverschieblich miteinander verbunden. Nur auf diesem Wege läßt sich namentlich bei hoher Lage der Brücke über dem Wasser ein Verkanten der Fahrzeuge um ihre Längsachse unterbinden. Zwingen die Verhältnisse, was auf Kanäle zutrifft, zur Verwendung nur eines Fahrzeuges, so ist es durch geeignete schräge Verstrebungen zwischen den Bordwänden und der Brücke gegen Kippen zu sichern; bei sehr breiten Schiffen kann diese Vorsichtsmaßnahme entfallen.

Welches Verfahren im Einzelfalle gewählt wird, um die Brücke auf das Schwimmgerüst zu setzen und nach dem Verschwimmen auf die Auflager zu setzen, hängt vom Verhalten des Wasserspiegels ab. Sorgfältige Untersuchungen und Überlegungen sind hier am Platz. Welche Überraschungen auftreten, lehrte eine Erfahrung an einem Kanal; ein andauernder kräftiger Wind staute das Wasser am Ende der Haltung in einem Maße an, daß ein weiteres Steigen um wenige Zentimeter das Absetzen einer eingeschwommenen Brücke verhindert hätte.

Liegt der Wasserspiegel stetig auf gleicher Höhe, so genügen unter Umständen für den Ausgleich der verschiedenen Höhenlagen der Brücke und des Eintauchens der Schiffe unter der Last Druckwasserpressen ohne Inanspruchnahme von Kotzlagen, meistens kommt man aber ohne diese nicht aus. Stehen maschinell betriebene Pumpen zur Verfügung, so kann beim Heben und Senken mit Wasserballast gearbeitet werden, bei seiner Verwendung ist für gleichmäßiges Füllen und Entleeren der Schiffe zu sorgen. Regelmäßiges Steigen und Fallen des Wasserspiegels wie bei Ebbe und Flut ist für das Verschwimmen besonders günstig.

Das Verschwimmen auf Flüssen beim An- und Ablaufen eines Hochwassers ist stets mit einem Wagnis verbunden, selbst wenn kein Versetzen der Strömung eintritt, am zweckmäßigsten wartet man Mittelwasser ab, da auch Niedrigwasser Störungen verursachen kann.

Für das Verfahren der Schiffe genügen, sofern der zurückzulegende Weg kurz und geradlinig ist von Winden bediente Seilzüge, bei größeren Entfernungen zwischen dem Montageplatz und dem Standort der Brücke tritt der Schlepper in Tätigkeit. Das Verschwimmen ist wie schon erwähnt, immer mit einem mehr oder weniger großen Wagnis verbunden, es ist daher geboten, größte Vorsicht walten zu lassen, genaue Anweisungen an alle an der Arbeit Beteiligten zu erteilen und ausreichende Maßnahmen gegen Unfälle zu treffen. Die Schiffe sind am Bug und Heck zu fassen und außerdem gegen seitliches Ausscheeren zu sichern. Winden, Drahtseile und Ketten sind überreichlich zu wählen, das gleiche gilt für die Stärke der Schlepper. Wichtig ist ferner, daß die Steuerfähigkeit der Schiffe während des Fahrens erhalten bleibt, es ist daher in Flüssen vorzuziehen, gegen den Strom zu fahren.

Die Brücken ragen aus naheliegenden Gründen stets über die Schwimmgerüste hinaus. Überbeanspruchungen aus dieser Art der Auflagerung treten meistens überhaupt nicht oder nur in einzelnen Stäben auf. Verstärkungen und Versteifungen werden zweckmäßig aus Holz hergestellt, wie bei der Bogenbrücke der Abb. 37.

Die Wahl des Platzes für die Montage der Brücke wird durch die Örtlichkeit beeinflußt, am günstigsten ist die Lage derselben in der Verlängerung der Brückenachse, sie ergibt die niedrigsten Kosten, da nur ein Schwimmgerüst erforderlich wird. Muß jedoch ein Platz abseits des Standortes der Brücke benutzt werden, so ist die Montage auf dem Ufer und das Verschieben der fertigen Brücke auf die Schwimmgerüste der Kostenersparnis halber, der Montage auf einem im schiffbaren Wasser errichteten Gerüst vorzuziehen. Die etwa erforderlich werdende Verlängerung des Weges beim Verschwimmen ist in solchem Falle belanglos.

Abb. 37. Einschwimmen einer Bogenbrücke.

Für Brücken mittlerer Größe lohnt es sich die Benutzung der Schwimmgerüste zur Montage, dieser Weg wurde beim Bau einer Straßenbrücke über die Weichsel während des Krieges beschritten. Es waren sieben Stromöffnungen von 50,0 m Stützweite zu errichten, mit Rücksicht auf die überaus kurze Bauzeit wurden drei Schwimmgerüste verwandt (Abb. 38).

Abb. 38. Schwimmende Montagegerüste.

Im Küstengebiet lassen sich die Schwimmgerüste durch Schwimmkrane großer Tragfähigkeit ersetzen, die Sicherheit der Arbeit wird gesteigert, die Kosten vermindern sich. Abb. 39 zeigt das Einlegen eines Hauptträgers mit oberem Verband für die Hubbrücke im Zuge der Königinbrücke in Rotterdam und Abb. 40 das abschnittsweise Einbauen eines Bogens im Hamburger Hafen, beachtenswert ist hier die Ausbildung der Unterstützungen, auf gerammte Pfähle wurden stählerne Stützböcke gestellt.

Einen eigenartigen Sonderfall behandelt die Abb. 41, das Einsetzen des langen Armes einer Drehbrücke.

In neuerer Zeit sind als Hauptträger weitgespannter Brücken des öfteren
Stabbögen mit Versteifungsträgern gewählt worden, deren Montage auf einem

Abb. 39. Einlegen eines Hauptträgers mittels Schwimmkran.

Abb. 40. Bau einer Bogenbrücke mit Schwimmkran.

durchlaufenden Gerüst erfolgt. Von diesem Vorgehen wurde beim Bau einer
Straßenbrücke über die Elbe abgewichen; der Montagevorgang verdient seiner

gut durchdachten und gut vorbereiteten Ausführung wegen eine eingehende Besprechung, obgleich er auf den ersten Blick verwickelt erscheint. Er ist die Frucht reiflicher Überlegungen, die angestellt wurden, um die wirtschaftlichste Lösung der Montage, die durch die vorgeschriebene Weite der Schiffahrtsöffnung erschwert wurde, zu finden. Der eingeschlagene Weg erforderte ungewöhnlich umfangreiche statische Untersuchungen der während der einzelnen Bauabschnitte in der Konstruktion auftretenden Spannungen und insbesondere der Durchbiegungen des Versteifungsträgers; er stellt ferner überaus hohe Anforderungen an die Sorgfalt der Aufstellungsarbeiten und ihre Überwachung.

Der Versteifungsträger des die Stromöffnung überspannenden Stabbogens von 153,80 m Stützweite läuft über die beiden anschließenden Seitenöffnungen von 50,0 m Stützweite durch (Abb. 42, Skizze a) die Schiffahrtsöffnung von 65,0 m lichte Weite liegt nahe dem rechten Ufer. Es lag zunächst nahe, die

Abb. 41. Einschwimmen eines Drehbrückenarmes.

Öffnung durch eine Gerüstbrücke aus Stahl zu überbauen und die Montage in der üblichen Weise durchzuführen, dagegen sprachen die hohen Kosten der Gerüstbrücke und vor allem ihrer Montage, sowie die Notwendigkeit, die Strombrücke in erhöhter Lage montieren und absenken zu müssen.

Man untersuchte daher eine zweite Lösung mit freiem Vorbau über die Schiffahrtsöffnung hinweg, indem man die rechtsseitige Brückenhälfte durch Einziehen von Hilfsdiagonalen und Verstärkung der Hängestangen in einen Fachwerkträger verwandelte, der seinen Rückhalt an der vorher auf einem durchlaufendem Gerüst montierten linken Brückenhälfte fand (Skizze b). Der Baustoffaufwand für die Hilfskonstruktion — die Kräfte sind in der Skizze vermerkt —, der große Aufwand an Geräten, an Druckwasserpressen usw. brachten den eigenartigen Gedanken zu Fall.

Erst eine dritte Lösung führte zum Ziel, die Arbeit verlief wie folgt: Man baute zunächst die Versteifungsträger einschließlich der Fahrbahn in die beiden Seitenöffnungen und in die linke Hälfte der Hauptöffnung im freien Vorbau ein, an der Stelle des Gerüstes der Skizze b traten die wenigen Stützböcke der Skizze c, mit dieser Vereinfachung des Gerüstes wurden erhebliche Ersparnisse gegenüber der Montage auf einem durchlaufenden Gerüst erzielt. Die Stöße der Versteifungsträger wurden, dem Fortschritt der Arbeit folgend, sofort vernietet; die Nietlöcher waren in der Werkstatt auf den endgültigen Durchmesser aufgerieben; nur die Löcher für die konischen Bolzen in den Gurtstößen wurden auf der Baustelle aufgerieben. Das Abnieten der Fahrbahn erfolgte gleichfalls laufend. Der freie Vorbau über die Schiffahrtsöffnung wurde von beiden Seiten aus gleichmäßig vorgetrieben. Die Höhenlage der rückwärtigen Trägerabschnitte war derartig abgestimmt, daß die Tangenten der Biegungslinien an den beiden auskragenden Enden am Schlußstoß eine Gerade bildeten. Der Spalt in diesem Stoß wurde durch Längsverschieben des rechten Trägerteiles geschlossen, in diesem Bauzustand liefen die Versteifungsträger über die Haupt- und den beiden Nebenöffnungen durch, Skizze c. Als Einbaugeräte dienten zwei Auslegerkrane.

Im nächsten Bauabschnitt wurden die Träger auf die Pfeiler und den schweren Hauptstützbock in der Mitte der Öffnung freigesetzt; nunmehr folgte das Öffnen der Gelenke A, B und C und das Anheben der Träger über dem Hauptbock um ein bestimmtes Maß, Zuglaschen mit Bolzengelenken überbrückten den entstehenden Spalt; die Stützböcke wurden entfernt (Skizze d).

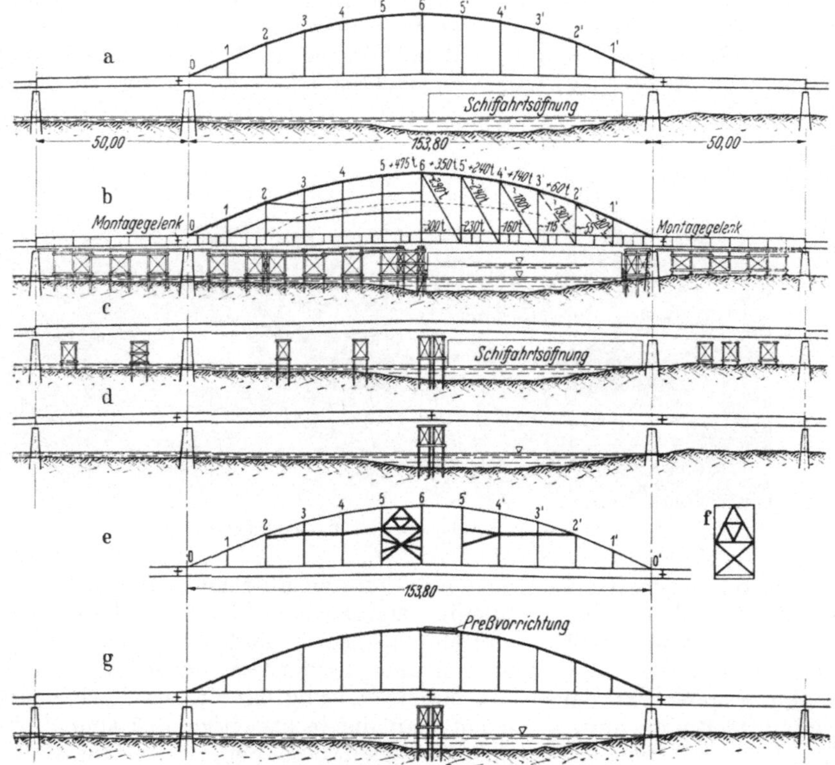

Abb. 42. Montage eines Stabbogens mit Versteifungsträger.

Anschließend bauten zwei rückwärts laufende Schwenkmaste, am rechtsseitigen Portal beginnend, die beiden Bögen, den oberen Windverband, die behelfsmäßige Aussteifung der Hängestangen gegen Knicken und die querliegenden Behelfsverbände zwischen die Hängestangenpaare *6* und *5* zur Aufnahme der auf den Bogen wirkenden Windkräfte ein (Skizze e und f). Abb. 43 zeigt diesen Bauzustand, sie läßt die Durchbiegung der Versteifungsträger erkennen.

Im Fortschritt der Montage folgt das Verdornen, Verschrauben und Nieten der Bogenstöße, der unteren und oberen Anschlüsse der Hängestangen und des oberen Windverbandes, die Stäbe *6—5'* der Bögen blieben vorerst ohne Verbindung mit den Nachbarstäben, auch blieb der Verband im gleichen Feld offen. Im nächsten Arbeitsgang wurde den Bögen eine Vorspannung gegeben; die zu diesem Zwecke benutzte Vorrichtung bestand aus rechts und links der losen Bogenglieder angeordneten Druckstäben (Skizze g); der in ihnen durch Druckwasserpressen erzeugte Druck wurde durch Hilfskonstruktion in die Stäbe *5—6* und *5'—4'* geleitet. Als die Druckspannung in den Druckstäben die für den

Stab *6—5'* errechnete Spannung aus dem Eigengewicht der Brücke erreichte, hatten sich die Durchbiegungen der Versteifungsträger ausgeglichen, die Träger besaßen ihre vorgeschriebene Form. Erwähnt sei hier, daß die Querriegel des oberen Verbandes, um Platz für die innenliegenden Druckstäbe zu gewinnen, ausgespart waren.

Nach dem Absenken der Versteifungsträger bei Gelenk *B* auf die vorgeschriebene Höhe konnten die Bogenstöße in den Punkten *6* und *5'* ohne jede Nacharbeit geschlossen werden. Während des Absinkens der Konstruktion wurde die Vorspannung der Bögen durch Nachlassen der Pressen aufrechterhalten. Die restlichen Arbeiten umfaßten das Schließen der Gelenke *A*, *B* und *C*, die Fertigstellung des oberen Windverbandes, des fehlenden Teiles der Fahrbahn am Gelenk *B*, des unteren Verbandes und dem Ausbau der Aussteifungen der Hängestangen. Das schwierige Werk wurde ohne jeden Zwischenfall vollendet, nur ganz unwesentliche Nacharbeiten waren notwendig geworden.

Abb. 43. Lichtbild zu Abb. 42, g.

Die Bögen verließen die Werkstatt mit den auf vollem Durchmesser aufgeriebenen Löchern, es spricht für die Güte und die Genauigkeit der Werkstattarbeit, daß jede Nacharbeit an den Stößen auf der Baustelle unterblieb; ebenso zeigte der reibungslose Verlauf der Arbeit, daß die bei der Wahl des Montagevorganges angestellten Überlegungen richtig waren.

Schon mit dem Freisetzen einer fertigen Brücke unmittelbar auf die Auflager ist fast regelmäßig ein wenn auch geringfügiges Absenken verbunden, das Freisetzen hat zur Voraussetzung, daß die Höhenlage des Bauwerkes während der Montage angenähert mit der Endlage übereinstimmt. Vielfach ist diese Vorbedingung jedoch nicht erfüllt, fällt beispielsweise die Oberkante des Durchgangsprofils mit der Unterkante der Brücke zusammen, so ist man, um die Bauhöhe für das Gerüst einschließlich der Stapel unter den Knotenpunkten zu gewinnen, gezwungen, die Brücke in erhöhter Lage zu montieren, nach der Fertigstellung vorübergehend auf Stapel zu setzen und nach dem Abbruch des Gerüstes durch Absenken auf die Auflager zu legen.

Von besonderen Ausnahmen abgesehen, benutzt man zur behelfsmäßigen Unterstützung kreuzweise gelegte Stapel aus scharfkantigen Harthölzern, die bei sehr schweren Brücken durch niedrige Breitflanschträger mit kräftigen Stegen ersetzt werden. Die Verwendung von Trägern kann gleichfalls notwendig sein, wenn die Verkürzung hoher Holzstapel unter der Last zu groß wird. Das

Absenken ist ein so landläufiger Vorgang, daß seine Beschreibung unterbleiben kann, jedoch wird auf einige wichtige Einzelheiten hingewiesen.

Das Absenken muß an allen vier Auflagern gleichmäßig erfolgen, selbst umschichtiges Absenken der beiden Brückenenden ist zu verwerfen; durch geeignete Signale ist das gleichmäßige Nachlassen der Druckwasserpressen sicherzustellen. Ferner ist es zweckmäßig, die an einem Brückenende angesetzten Pressen an eine gemeinschaftliche Pumpe anzuschließen und das Ablassen des Druckwassers durch ein gemeinschaftliches Ventil zu regeln; nur auf diesem Wege ist eine gleichmäßige Bewegung zu erreichen. Die Arbeiten lassen sich durch einen elektrischen Antrieb der Pumpen wesentlich beschleunigen. Pumpen und Pressen sind sehr empfindliche Geräte, Störungen durch Versagen der Ventile, Dichtungen u. a. m. treten häufiger auf, man muß daher Vorsorge gegen schädliche Folgen solcher Vorkommnisse treffen, sei es durch neben die Pressen angeordnete Hilfsstapel aus aufeinander geschichteten, sauber gerichteten Blechplatten, sei es durch Pressen, deren Kolben mit Sicherungsmuttern versehen sind. Die Brücke muß auf jeden Fall beim Versagen von Pressen und Pumpen sofort abgefangen werden können.

Besonders geeignet für das Absenken sind die bekannten Perpetuum-Pressen[1].

Für größere Senkwege reicht das vorstehend behandelte Verfahren nicht aus, man muß zu anderen Mitteln greifen; mustergültig ist die Anwendung von Absenkgerüsten bei der Montage der Hubbrücke die auf S. 35 erörtert wurde.

Jedes Gerüst besitzt zwei aus drei [-Profilen zusammengesetzte Tragstützen (Abb. 44), zwei Stege sind durch aufgelegte Lamellen verstärkt; die Gerüste sind paarweise mit den Füßen der Hubportale verbunden, die zwischengelegte senkrecht stehende Balkenlage trägt eine Kranschiene zur senkrechten Führung der Brücke. Zu jedem Gerüst gehören zwei bewegliche Traversen; auf den oberen Traversen der zwei einander gegenüberstehenden Gerüste ruht mittels Unterzügen das Brückenende, die unteren Traversen tragen je zwei Druckwasserpressen. Löcher von 100 mm Durchmesser in Abständen von 240 mm nehmen die Einsteckbolzen zur Verlagerung der Traversen auf; Handgriffe an den Bolzen erleichtern das Umstecken. Die Größe der einzelnen Senkschritte beträgt entsprechend der Lochteilung 240 mm, der gesamte Weg beläuft sich auf 5,30 m.

Alle einzelnen Senkschritte vollzogen sich in zwei Absätzen, beim Beginn wurden die oberen Traversen unter Zuhilfenahme von 120 mm hohen Zwischenlagen mit den Hebeböcken gelüftet, die Tragbolzen aus den Löchern *1* gezogen, die Traversen um 120 mm gesenkt und auf zwei weitere Zwischenstücke von gleichfalls 120 mm Höhe, die auf die entsprechend ausgebildeten unteren Traversen gelegt waren, gesetzt. Anschließend wurden die Hebeböcke um ein Geringes weiter eingelassen, um die auf ihnen liegenden Zwischenstücke zu entfernen; nunmehr hob man die Last von neuem an, baute die Zwischenstücke auf den unteren Traversen aus und ließ die Pressen soweit nach, bis sich die Löcher *2* in den Gerüsten mit den Löchern der oberen Traverse deckten und die Tragbolzen eingesteckt werden konnten. Mittels eines Flaschenzuges ließ man die entlasteten unteren Traversen um 240 mm ab und lagerte sie auf den in die Löcher *3* eingesteckten Bolzen auf. Das Spiel wiederholte sich, bis der Gesamtweg zurückgelegt war.

Im Vergleich zum Absenken zählt das Heben von Brücken zu den Seltenheiten, von ihm wurde beim Bau der bekannten Mälarseebrücke Gebrauch gemacht. Die Ausführung ist nicht nur wegen der Größe der Last, sondern auch wegen einer Reihe eigenartiger Einzelheiten einer kurzen Besprechung wert, zwar wurde nicht die ganze Brücke gehoben, vielmehr wurden die auf Schiffen zugeführten an anderer Stelle fertiggestellten Bogenhälften hochgestellt.

---

[1] Schaper, Grundlagen des Stahlbaues, S. 258.

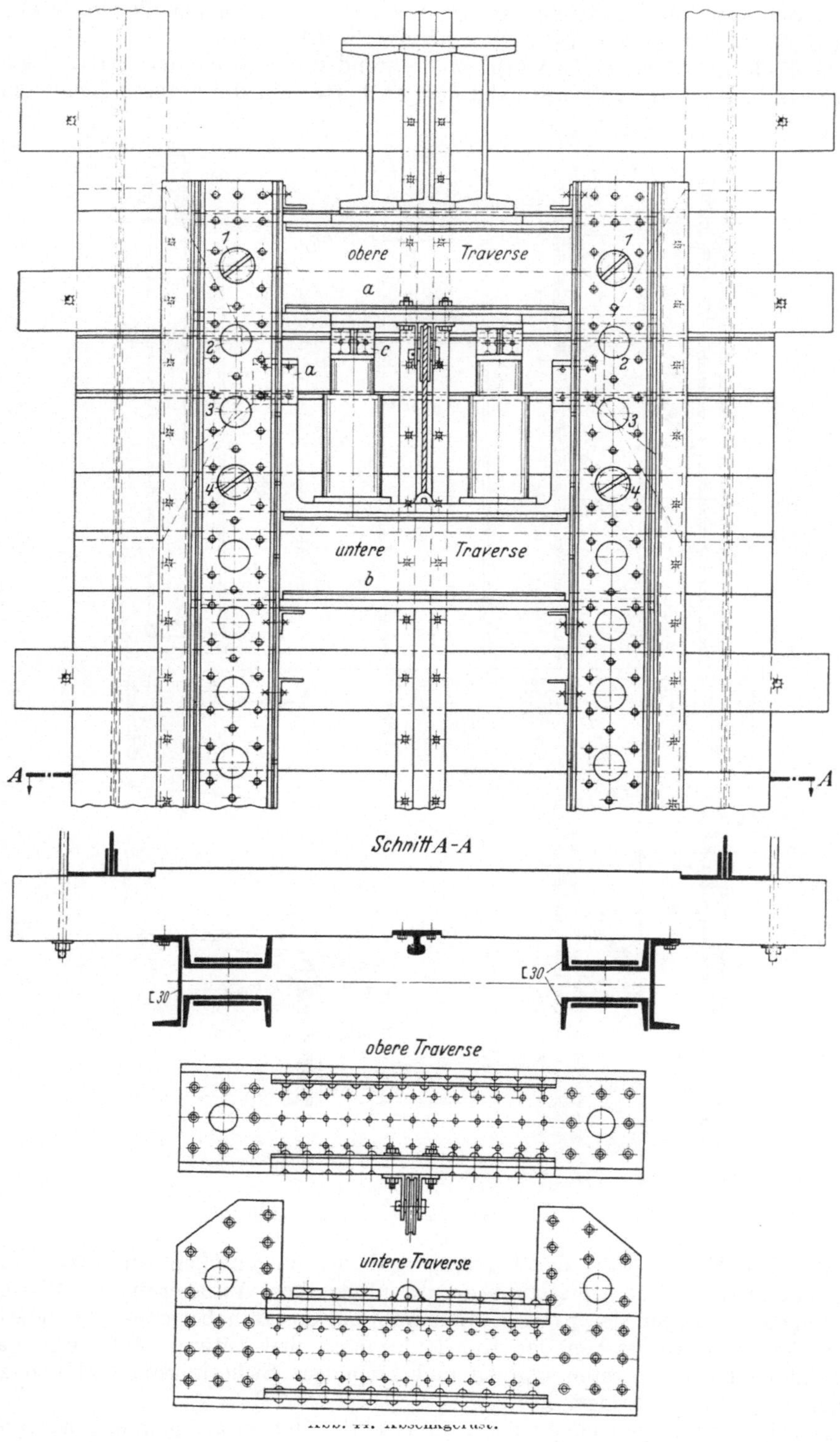

Abb. 41. Rüstungsgerüst.

Die Arbeitsbühne des Hubgerüstes lag 32,30 m über dem Wasserspiegel, das Gerüst war mit Rücksicht auf die Wiederverwendung der Baustoffe fast ausschließlich aus I- und C-Profilen hergestellt (Abb. 45).

Die Füße der Bogenhälften kippten während des Aufrichtens in Hilfsdrehlagern (Abb. 46) und nicht wie nahe gelegen hätte, um die unteren Lager der

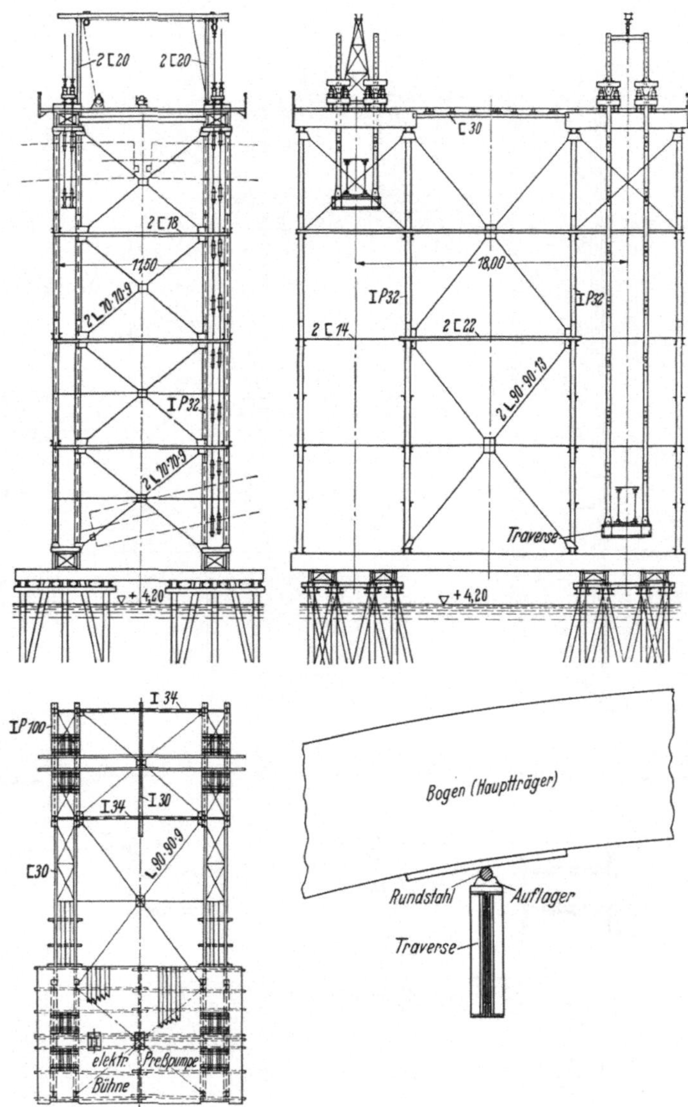

Abb. 45. Gerüst zum Hochkippen von Bogenhälften.

Bogen. Die Einschaltung der Hilfslager gab den Bogenfüßen von vornherein die richtige Höhenlage, sie erlaubte ferner infolge ihrer Auflagerung auf Walzen ein Längsverschieben der Konstruktion während des Anhebens, sie verhinderte schließlich das Abrutschen der Konstruktion in den unteren Auflagern, das andernfalls hätte eintreten können und besondere Sicherungsmaßnahmen zu seiner Verhütung erfordert hätte.

Die einzelnen Bogenenden ruhten während des Hebens auf je zwei Traversen, deren Höhenlage in Rücksicht auf die Krümmung der Bogen voneinander abwich; an ihnen griffen je zwei Ketten aus Breitstahl mit einem Querschnitt von 280·45 mm an, die Gliederlänge betrug 3,50 m. Um das während des Hebens entstehende Verschieben der Konstruktion auf den Traversen zu ermöglichen, waren die Traversen mit Rollen und die Bogenuntergurte mit Laufblechen versehen.

Die Anordnung der Druckwasserpressen ist aus der Zeichnung ersichtlich, bemerkenswert ist das Ausbauen der freigewordenen Kettenglieder durch

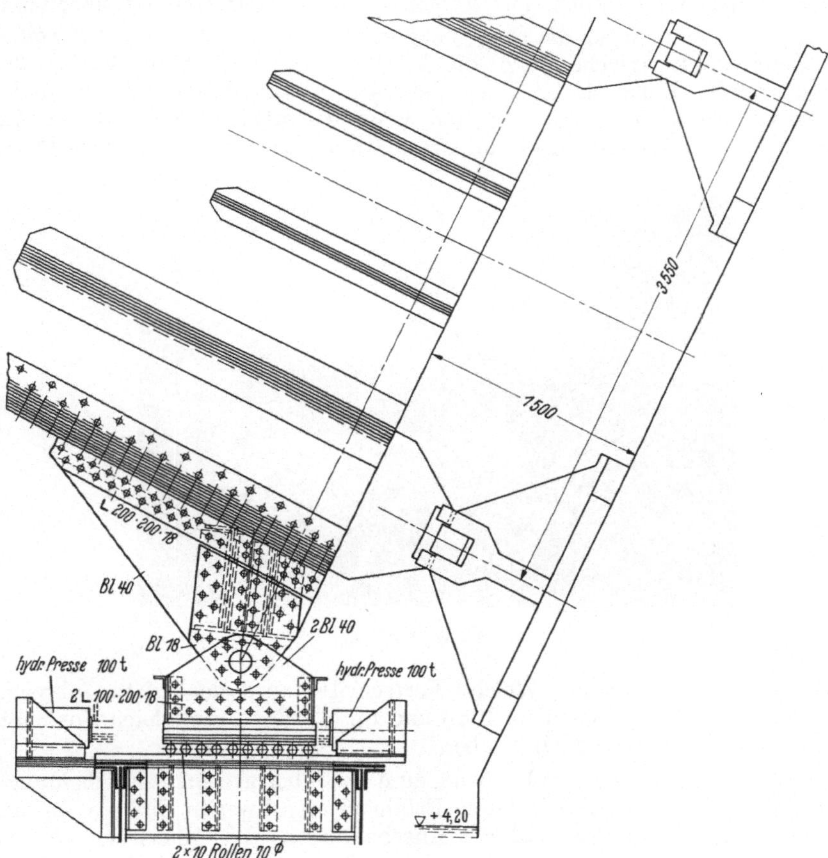

Abb. 46. Hilfslager.

Portalkräne, jeweils wurde ein Glied der beiden nebeneinander befindlichen Ketten mit Hilfe einer Traverse entfernt.

Das Heben selbst geschah in der üblichen Weise in Absätzen von etwa 0,3 m.

Auf die Erörterung der Montage von Hängebrücken kann verzichtet werden, besitzt Deutschland zur Zeit nur eine Brücke mit Drahtseilaufhängung, ihre Montage ist ausführlich veröffentlicht worden.

Blechträgerbrücken.

Die Montage kleinerer und mittelgroßer Blechträgerbrücken zählt zu den einfachsten Aufgaben im Stahlbau, gleichwohl mangelt es auf diesem Gebiet keineswegs an schwierigen Ausführungen ähnlicher Art wie bei Fachwerkbrücken.

Sofern die Hauptträger in zerlegtem Zustand auf der Baustelle einlaufen, ist ein Gerüst für die Montage unentbehrlich, das bei als Ganzes verladenen

Trägern unter günstigen Umständen durch ein Hilfs- und Schutzgerüst ersetzt werden kann. Zum Abladen und zum Aufrichten der flachliegend verladenen Hauptträger reichen meistens Standbäume aus, ebenso für den Einbau der Fahrbahn, der Transport auf die Baustelle, das Einlegen leichter Fahrbahnen und ähnliche Arbeiten geschehen meistens von Hand. Die Arbeitsvorgänge, Abladen, Transport, Zusammenbau, Verdornen u. a. m. sind auf den Regelbaustellen landläufig, dementsprechend ist die Ausrüstung der Montage einfach und wenig umfangreich, ein Eingehen auf Einzelheiten ist überflüssig.

Wesentlich anders liegen die Dinge bei geschweißten Brücken, das Schweißen, Neuland für das technische Büro, die Werkstatt und die Baustelle hat dem Stahlbau, dessen Entwicklung einen gewissen Abschluß gefunden zu haben schien, neue Anregungen gegeben und neue Aufgaben gestellt, deren Auswirkungen sich heute nicht übersehen lassen, immer wieder tauchen neue Fragen

Abb. 47. Schweißring.

auf, die der Lösung harren. Welche Fortschritte auch das letzte Jahrzehnt aufzuweisen hat, alles ist noch im Fluß und im Werden, wenngleich Forschung und Erfahrung manches geklärt haben.

Ständig treten beim Schweißen neue, zum Teil überraschende Erscheinungen auf, die sich häufig genug mit früheren Erfahrungen schwer in Einklang bringen lassen, es ist kein Wunder, daß die Anschauungen und Ansichten wechseln und sich Regeln für die Ausführung des Schweißens vorerst nur in bescheidenem Umfange bilden können, es wäre daher verfrüht und verfehlt, heute schon Vorschläge oder gar Regeln für die Baustellenschweißung zu geben, z. B. für die Reihenfolge der Schweißarbeit, für die Maßnahmen zur Verminderung der Spannungen usw. Vorläufig ist der Schweißingenieur, trotz der Unterstützung durch die behördlichen Richtlinien, noch im großen Umfang auf eigene und fremde Erfahrungen angewiesen, er darf es sich nicht verdrießen lassen, die zahlreichen Veröffentlichungen auf diesem Gebiete aufmerksam zu verfolgen und aus ihnen zu lernen.

Die Prüfung der Güte von Nietungen ist einfach und sicher, bei der Beurteilung von Schweißnähten war man anfänglich auf das äußere Ansehen der Nähte und auf die Prüfung des Schweißers auf seine Fertigkeit und Zuverlässigkeit angewiesen, man prüfte den Menschen und nicht das Erzeugnis. Die Röntgenprüfung und die magnetische Durchflutung bieten einen unschätzbaren Fortschritt, zumal ihre Anwendung noch auf der Baustelle ermöglicht ist und damit die sachgemäße Schweißung auch auf der Baustelle gesichert wird. In dem Bestreben die Güte der Schweißungen zu steigern und die Arbeit zu erleichtern, hat man von Anbeginn an Wert darauf gelegt, die Nähte während des Schweißens schweißgerecht zu lagern; der für diesen Zweck entwickelte Schweißring (Abb. 47) fand auch Eingang auf der Baustelle.

Die Sorge um die Güte der Schweißung und die anfänglichen Schwierigkeiten bei der Montage boten den Anlaß, mindestens die Hauptträger und wenn durchführbar Brückenabschnitte und ganze Brücken in der Werkstatt fertigzustellen, zu verschicken und einzubauen. Das Verfahren ist keineswegs nicht

Abb. 48. Transport einer Blechträgerbrücke auf zwei Langwagen.

neu, es rechnete bei genieteten Brücken indessen zu den Ausnahmen, wird aber heute bei ihnen sehr viel angewandt. Ob der neue Weg in allen Fällen wirtschaftlich ist, kann bezweifelt werden. Die Werkstatt wird durch ihn belastet, die Ausnutzung der Zulagen geschmälert, die Leistung der Werkstatt bei guter Beschäftigung gestört, endlich bereitet das Verladen der sperrigen schweren

Abb. 49. Transport einer Blechträgerbrücke zwischen zwei Waggons.

Lasten Schwierigkeiten und erhöhte Kosten. Die Ersparnis an Löhnen gegenüber den entsprechenden Löhnen bei der Montage werden durch die höheren Werkstattunkosten zum Teil aufgehoben. Gewiß lassen sich auf der Baustelle unter Umständen durch den Fortfall oder die Einschränkung von Gerüsten ganz erhebliche Ersparnisse erzielen, ihnen stehen jedoch die hohen Aufwendungen für das Vorhalten der schweren Hebezeuge, ihren Transport, ihr Aufstellen und Abbauen entgegen, es sei denn, daß die Schwerlastkähne der Reichsbahn benutzt werden können. Weiter dürfen auch die Gefahren beim Verladen, Transport und Einlegen der großen Lasten, sind doch schon Träger von 60,0 m Länge und 100 t Gewicht als Ganzes versandt worden, nicht übersehen werden. Auf jeden Fall sollten, sobald nicht besondere Gründe maßgebend sind, Kostenvergleiche des üblichen mit dem neuen Verfahren nicht verabsäumt werden.

Die Verladung einer montagegerecht auf zwei Langwagen gestellten Brücke ist durch die Abb. 48 veranschaulicht, daß die freie Bewegung zwischen der Brücke und den Waggons gesichert sein muß, ist selbstverständlich, wird aber trotzdem erwähnt.

Eine recht geschickte Lösung der Verladung eines fertigen Überbaues ist in der Abb. 49 festgehalten; die für den Umbau eines Bahnhofes bestimmte

Abb. 50. Wassertransport einer Blechträgerbrücke.

Brücke besitzt bei einer Länge von 21,0 m ein Gewicht von 50 t; die Breite von Außenkante zu Außenkante der Hauptträger gemessen, beläuft sich auf 4,25 m. Um den Überbau hochkant verladen zu können, wurde er an beiden Enden mit Schnäbeln, die in Drehzapfen auslaufen, versehen; die Zapfen erleichterten das Umlegen der Brücke in die waagerechte Lage; sie wurden von

Abb. 51. Landtransport eines Blechträgers.

Lagern aufgenommen, die auf Hilfskonstruktionen der Waggons ruhten. Das Gewicht der Schnäbel, Lager und Hilfskonstruktionen beträgt 15 t, erreicht also 30% des Brückengewichtes.

Den Transport eines fertigen Überbaues auf dem Wasserwege veranschaulicht Abb. 50.

Auch der Beförderung schwerer Lasten auf der Landstraße stehen heute kaum noch unüberwindliche Schwierigkeiten entgegen, nachdem Zugmaschinen von ausreichender Stärke und Fahrzeuge großer Tragfähigkeit entwickelt worden sind (Abb. 51), ein Fortschritt, der für die Aufstellung der Brücken der Reichsautobahnen Bedeutung gewonnen hat. Für große und sperrige Lasten reichen die üblichen Wagen nicht aus. Bei der Beförderung der Träger für eine Überführung der Reichsautobahn über die Spree waren Brückenabschnitte aus zwei Hauptträgern und den zwischenliegenden Querträgern mit einem Höchstgewicht von 40 t, einer Länge von annähernd 30,0 m und einer Breite von 3,10 m zu bewältigen. Man baute zwei Sonderfahrzeuge, indem man je zwei zweiachsige Wagen mit Doppelbereifung durch quergelegte I-Eisen miteinander verband (Abb. 52), die I-Eisen wurden mittels kräftiger gekröpfter Flacheisenlaschen an die Hauptträger der Wagen geklemmt. Das Drehschemellager war mit einer Bronzescheibe ausgerüstet, so wurde die Reibung in den Lagern vermindert und ein Fressen in ihnen unterbunden, endlich wurden Drehschemel und der die Wagen verbindende Trägerrost mit Schleifkränzen aus starken Flacheisen versehen. Eine aus Stahl hergestellte Hilfsdeichsel verband die Deichsel der beiden das vordere Fahrzeug bildenden Wagen, an ihr griff die Zugmaschine an. Die Lenkung des hinteren Fahrzeuges erfolgte von Hand mittels eines die beiden Deichseln kuppelnden Balkens, er hing an Ketten, die über die Brückenträger geschlagen waren; eine Mannschaft von 6 Köpfen genügte für die Bedienung. Das getrennte Lenken des vorderen und hinteren Fahrzeuges hat sich bewährt, selbst Krümmungen kleineren Durchmessers wurden, trotzdem die Beschaffenheit der Straße zu wünschen übrig ließ, anstandslos durchfahren.

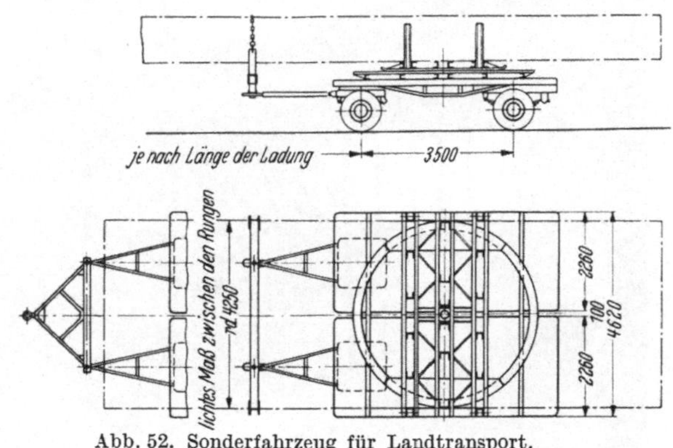

Abb. 52. Sonderfahrzeug für Landtransport.

Landtransporte sind nicht gefahrlos, besonders zu beachten ist, daß die Bremsen richtig arbeiten und daß in Kurven und Gefällen langsam gefahren wird, auch in geraden und ebenen Strecken sollte die Geschwindigkeit von 6 km je Stunde nicht überschritten werden.

Obgleich die Regelmontage der Blechträgerbrücken, wie schon erwähnt, keine Besonderheiten aufweist, ergeben sich doch aus der Art der Baustelle heraus eine Fülle beachtenswerter Vorgänge, die eine Besprechung verdienen. Zunächst sei das Einlegen langer Träger besprochen.

Beim Verlegen von Hauptträgerpaaren von 34,70 m Länge mit einem Gesamtgewicht von 28 t für die Überführung der Reichsautobahnen über eine Bahnlinie nahm ein Schwenkmast die auf zwei Eisenbahnwaggons zugeführten Brückenabschnitte auf und legte sie an ihren Platz (Abb. 53); beachtenswert sind die Hilfskonstruktionen zum Anschlagen der Last, die Drehschemel für die Lagerung der Konstruktion auf den Eisenbahnwaggons, sowie die sorgfältige Abfangung des Schwenkmastes.

Ein recht eigenartiges durch die Verhältnisse der Baustelle bedingtes Verfahren wurde beim Einbauen der 38 m langen Träger einer Überführung der Reichsautobahn eingeschlagen; die zu bewältigende Last betrug 30 t. Das Einbaugerät (Abb. 54), besteht aus einem das Zufuhrgleise überspannenden schweren Kranträger, dessen auf dem Obergurt laufende Katze durch einen Seilzug verfahren wird. An der Katze hängt die Oberflasche des Zuges. Die Winden zum Bedienen der Katze und des Flaschenzuges stehen in einiger Entfernung vom Einbaugerät. Die linksseitige Stütze des Kranträgers, die außer der Last auch die in der Längsrichtung des Kranträgers wirkenden Kräfte aufnimmt, ist fest gelagert, als zweite Abstützung diente entweder, wie in der Abbildung, der Mittelbock, der Kranträger kragte dann nach der Brücke frei aus, oder der rechts schrägstehende Endbock, mit dessen Einbau man beschäftigt ist. Beim Beginn eines Arbeitsspieles war der Kranträger auf den Endbock gelagert, man lud den Brückenabschnitt ab, verfuhr ihn in die

Abb. 53. Verlegen eines Blechträgerbrücken-Abschnittes.

Abb. 54. Verlegen von Blechträgern.

Nähe des Endbockes, schwenkte ihn und legte ihn ab, alsdann wurde der Mittelbock eingebaut und der Endbock umgelegt. Die Abschnitte wurden auf die Verschubbahnen gelegt und an Ort und Stelle gebracht; nach dem Umwechseln der Böcke wiederholte sich das Spiel.

In recht einfacher Weise ist der Einbau von Hauptträgern bei der Auswechslung einer zweigleisigen Talbrücke durchgeführt worden (Abb. 55), zwei auf dem Talgrund stehende Schwenkmaste hoben die Träger vom Waggon ab — der Betrieb wickelte sich während des Umbaues eingleisig ab — und

Abb. 55. Montage von Blechträgerbrücken mit Schwenkmasten.

Abb. 56. Montage einer Blechträgerbrücke auf einer Bogenbrücke als Gerüst.

setzen sie auf die Lager. Das Verfahren läßt sich bei Neubauten anwenden, gleichgültig, ob die Zufuhr auf dem Damm oder der Talsohle erfolgt.

Als weiteres Beispiel für das Montieren von Brückenabschnitten ist der Umbau einer Straßenbrücke über den Main erwähnenswert; als die vorhandene Bogenbrücke erneuerungsbedürftig geworden war, ersetzte man sie durch eine

Blechträgerbrücke und nutzte die Möglichkeit, den Verkehr umleiten zu können dazu aus, die alten Überbauten als Montagegerüste zu verwenden (Abb. 56). Der für die Arbeiten verwendete fahrbare Portalkran überspannte die gesamte Breite der Brücke, seine Laufbahnen lagerten auf den beiden äußeren Bögen,

Abb. 57. Montage einer Blechträgerbrücke auf einer Bogenbrücke als Gerüst.

er schaffte zunächst durch Ausbauen eines Teiles der alten Konstruktion Platz für das Hochziehen der auf dem Wasserwege eintreffenden neuen Brücke, er nahm die Abschnitte — zwei Hauptträgerstücke mit zwischengebauter Fahr-

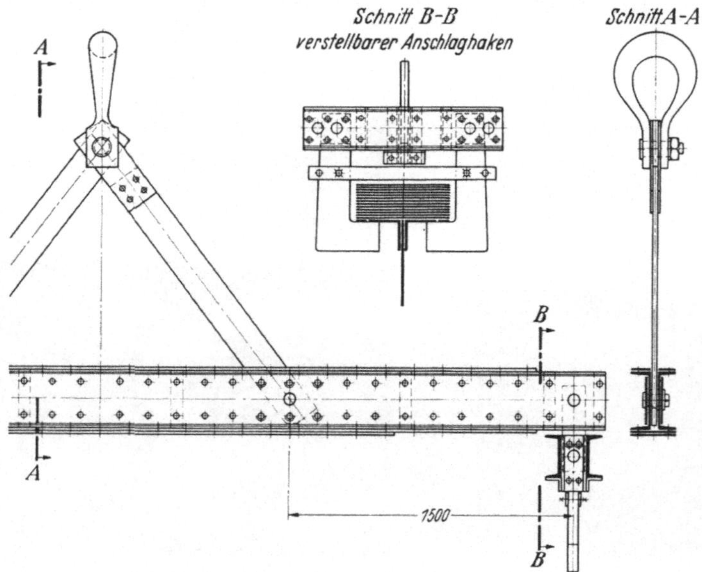

Abb. 58. Anschlagvorrichtung für Blechträger.

bahn — durch die gewonnene Öffnung hoch, verfuhr sie an Ort und Stelle, legte sie ein (Abb. 57). Die neue Brücke wurde bis zu ihrer Vollendung auf die Pfeiler abgestützt und diente alsdann als Gerüst für den Abbruch der alten Überbauten. Nach dem Entfernen der alten Überbauten konnte das neue Bauwerk auf die Auflager gesetzt werden.

Für das Anschlagen der schweren Lasten, wie sie hier vorliegen, sind Ketten oder Drahtseilschluppen aus Gründen, die schon früher erläutert wurden, nicht mehr verwendbar, an ihre Stelle treten Gehänge nach Abb. 58, bei ihnen fällt jedes Rucken beim Anheben fort, bei Doppelgehängen wird zudem ein Schrägstellen der Last vermieden. Die Maulweite der Vorrichtung läßt sich, wie die Zeichnung zeigt, in einfacher Weise verstellbar einrichten, so daß sie bei Gurtungen wechselnder Breite verwendet werden kann, ein Vorteil, den man ausnutzen sollte.

Eine weitere Entwicklung der vorstehend geschilderten Arbeitsverfahren bedeutet das Aufstellen langer Brückenzüge mit Stützentfernungen bis etwa 30,0 m durch einen Vorbaukran (Abb. 59 und 60). Der beim Bau der beiderseitigen Rampen einer aus zwei Strängen eingleisiger Überbauten bestehenden Eisenbahnhochbrücke benutzte Kran besaß eine Auskragung von 35,0 m bei einer Gesamtlänge von 70,0 m. Die Rampen liegen im Gefälle und zum Teil in Kurven. Der Kran lagert auf zwei Fahrgestellen; das Fahrgestell in der Kranmitte ist mit einem Drehlager ausgerüstet, das hintere Fahrgestell mit einer Rollbahn, um den Kran um die Mitte verschwenken zu können. Für die bauliche Ausbildung des Kranes war maßgebend, daß die Baustelle sehr starken Stürmen ausgesetzt war; der Gedanke, den Kran, um zu einer einfachen Konstruktion zu gelangen, hochzusetzen und Stützen zwischen den Kran und den Fahrgestellen anzuordnen, mußte daher nach reiflicher Überlegung fallen. Das Krangerüst wurde im Querschnitt als unten offener Rahmen entworfen, obgleich die Konstruktion infolgedessen reichlich verwickelt wurde und die Überleitung der Windkräfte in die Fahrgestelle Schwierigkeiten bot. Die Laufkatzen liefen im Innern des Krangerüstes. Die Kranfahrwerke, die Vorrichtungen zum Schwenken des Kranes, die Fahrwerke der Winden und Katzen und die Winden wurden von Hand betrieben; der elektrische Antrieb erwies sich als unlohnend, zumal etwaige Zeitersparnisse bedeutungslos waren; auch wären die Kosten der Stromzuleitung außerordentlich hoch ausgefallen.

Die Gründe der Benutzung eines Vorbaukranes waren verschiedener Natur; die Rampen kreuzten mehrfach Straßen, ferner, wie aus der Abb. 60 hervorgeht, eine Siedlung, verschiedene Häuser lagen unterhalb der Überbauten, man hätte also bei einer anderen Bauweise eine Anzahl Brücken durch Längsverschieben an Ort und Stelle bringen und außerdem umfangreiche Sicherungsmaßnahmen zum Schutz der Gebäude und des Straßenverkehrs treffen müssen. Besonders vorteilhaft wirkte sich die Anlage eines ständigen Zusammenbauplatzes für jede Rampe aus, unterhalb dieser liegende Lagerplätze vereinfachten die Zufuhr des Materials, das zum Teil auf dem Wasserwege versandt wurde. Der Zusammenbau und das Abnieten der Brücke stets an derselben Stelle gewann einen werkstattartigen Charakter, der die Kosten außerordentlich günstig beeinflußte. Wesentlich war endlich, daß die gewählte Montageweise die Unfallgefahr erheblich eindämmte.

Der schwierige Teil der Montage umfaßte das Einlegen der Überbauten in den Rampenkrümmungen; am Anfang eines Arbeitsabschnittes kragte die vordere Hälfte des Kranes frei aus; da die Mitte des Kranendes über der Mitte des unter ihr befindlichen Gerüstpfeilers stehen mußte, lag die Mitte der Kranspitze etwas seitlich der Achse des freien Pfeilers. Die Arbeit begann mit der Zustellung einer kleinen Brücke auf einem regelspurigen Transportgeleise, sie fuhr in den Kran hinein, die vordere Laufkatze nahm sie hoch, die Kranspitze wurde über den Gerüstpfeiler geschwenkt, die Brücke durch die Laufkatze über den Pfeiler gefahren und auf die Auflager gesetzt. Nachdem der Kran in die Anfangsstellung gedreht war, wiederholte sich der Vorgang bei dem zweiten Überbau. Beim Einbauen der großen Brücke war man genötigt, zunächst das vordere Ende des in den zurückgedrehten Kran eingefahrenen Bauwerkes anzuheben, während das hintere Ende auf dem zweiten Transportwagen verblieb,

Abb. 59. Vorbaukran.

Abb. 60. Vorbaukran.

anschließend wurde die erste Laufkatze und die Brücke zusammen so weit verschoben, bis die zweite Laufkatze anfassen konnte. Die Kranspitze wurde nach dem Verschwenken des Kranes auf die eingelegte kleine Brücke abgestützt, nunmehr konnte das weitere Verfahren und das Verlegen der Brücke erfolgen. In den geraden Baustrecken fiel das Verschwenken des Kranes fort. Der Kran war sowohl in den verschiedenen Arbeitsstellungen wie auch in der Ruhe stets sorgfältig mit der fertigen Brücke verankert. Das Einlegen verlief ohne jede Anstände.

Es hätte nahegelegen, die Gerüstpfeiler ebenfalls mit dem Kran zu montieren, die Kürze der Bauzeit ließ dieses Vorgehen nicht zu, jedoch wurde es bei anderen ähnlichen Überführungen mit Erfolg verwendet.

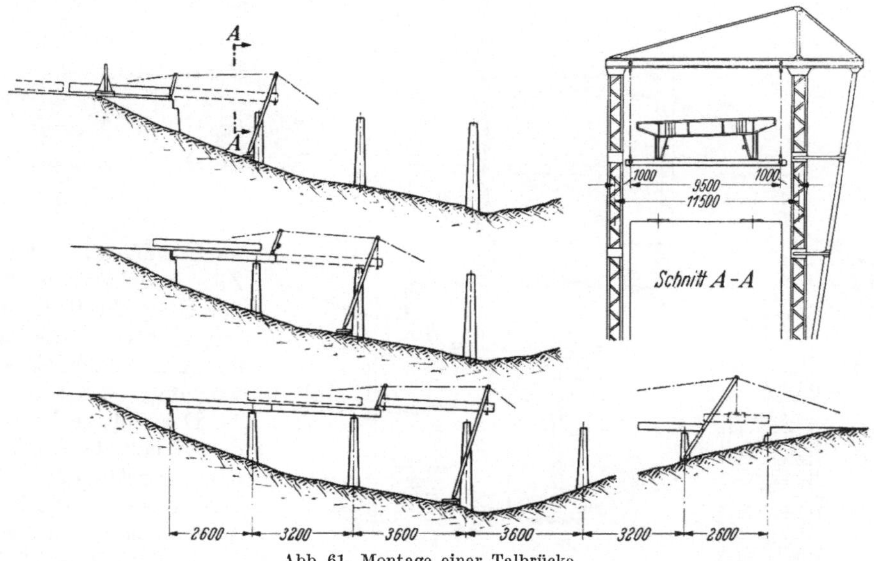

Abb. 61. Montage einer Talbrücke.

Die Talüberführungen der Reichsautobahnen sind zum großen Teil als Blechträgerbrücken erbaut worden, die Montage ist in recht verschiedener Weise gelöst worden, bei tiefen Tälern herrscht der freie Vorbau vor, große Stützenentfernungen erfordern alsdann die Verwendung von Hilfsstützen aus Stahl. Eine recht neuartige Lösung fand die Aufstellung der Überführung nach Abb. 61, welche das Tal in einer Länge von insgesamt 188 m bei zwischen 26 bis 36 m wechselnden Stützweiten überschreitet, die Höhe über der Talsohle beträgt 32 m. Die Brücke besitzt vier Hauptträger und zwei getrennte Fahrbahnen, die auf massiven Pfeilern ruhen.

Die Zufuhr der Brückenteile erfolgt wie beim freien Vorbau auf der Höhe des einen Talrandes; vor dem Kopf der Brücke war ein Arbeitsplatz zum Zusammenbau und Abnieten der einzubauenden Brückenabschnitte eingerichtet, er war mit einem der üblichen Portalkrane ausgerüstet. Die einzelnen Abschnitte wurden so bemessen, daß sie nach dem Einlegen jeweils etwa 10 m über die Pfeiler vorkragten. Zum Einbau dienten zwei Portalkrane mit einer lichten Weite zwischen den Füßen von etwa 10,5 m. Der vordere Kran stand auf dem Erdboden, seine Höhe änderte sich entsprechend dem Fallen und Steigen des Geländes, sie schwankte zwischen 17,0 und 40,0 m; der kleine Kran von 7,0 m Höhe arbeitete vom Widerlager bzw. von der Spitze der eingelegten Brückenabschnitte aus.

Das Einlegen spielte sich wie folgt ab: Der erste Abschnitt aus zwei Hauptträgern mit eingebauter Fahrbahn und angebauten Konsolen wurde nach seiner

Fertigstellung über das Widerlager hinaus verschoben und bevor ein Kippen eintreten konnte, an der Spitze durch den nach dem Widerlager zu geneigten vorderen Kran gefaßt; bei gleichzeitigem Kippen des Kranes wurde das Verschieben so weit fortgesetzt, bis das hintere Ende des Abschnittes vom kleinen Kran, der ebenfalls etwas nach rückwärts geneigt stand, aufgenommen werden konnte. Weiteres gleichzeitiges Kippen beider Kräne brachte den Abschnitt über die erste Öffnung, er wurde nach dem Erreichen der richtigen Lage auf die Auflager gesetzt. Die Züge zum Kipper griffen am vorderen Kran an, der durch Verbindungsseile den kleinen Kran in Bewegung setzte; letzterer war

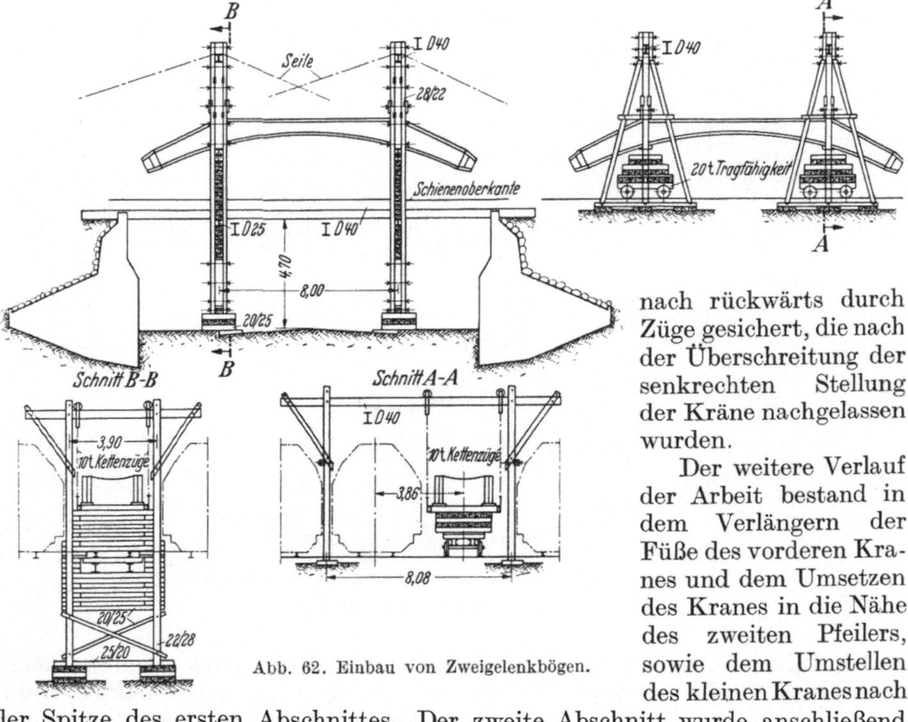

Abb. 62. Einbau von Zweigelenkbögen.

nach rückwärts durch Züge gesichert, die nach der Überschreitung der senkrechten Stellung der Kräne nachgelassen wurden.

Der weitere Verlauf der Arbeit bestand in dem Verlängern der Füße des vorderen Kranes und dem Umsetzen des Kranes in die Nähe des zweiten Pfeilers, sowie dem Umstellen des kleinen Kranes nach der Spitze des ersten Abschnittes. Der zweite Abschnitt wurde anschließend auf Rollen vorgebracht und in der gleichen Weise eingebaut und die Verbindung zwischen den beiden Abschnitten hergestellt. Der Vorgang wiederholte sich bis die letzte Öffnung erreicht war. Für das Einlegen des Schlußstückes genügte der vordere Kran.

Wenn das Verfahren auch umständlich erscheint und wegen der Bedienung der zahlreichen Winden für die Hebezeuge und der Abfangtaue eine ganz besondere Umsicht erforderte, so hat es sich doch bewährt.

Zur Montage der als niedrige Zweigelenkbögen kleinerer Spannweite ausgeführten Überbrücken von Personentunneln auf Bahnhöfen benutzt man in der Regel fahrbare Portalkräne, welche die fertigen Bögen von den Waggons abheben und an Ort und Stelle setzen. Eine andere recht ansprechende Montageweise geht aus der Abb. 62 hervor.

Die Verhältnisse ließen es zu, Abschnitte aus zwei Bögen einschließlich der Verbände und der Abdeckung aus Tonnenblechen in der Werkstatt fertigzustellen und auf Langwagen zu verladen. Während der Fahrt ruhten die Einheiten auf kräftigen Holzböcken. Auf der Baustelle angekommen, wurden sie durch zwei feststehende Portalkrane auf zwei vierrädrige, niedrige Transportwagen, welche mit etwa 1,0 m hohen Holzstapeln versehen waren, umgeladen. Die Füße der Umladekrane, ebenso wie die Füße der in der Baugrube stehenden Portalböcke zum Einlegen der Bögen bestanden aus Holz, die Riegel dagegen aus Breitflansch-Trägern; die Hebezeuge, einfache Kettenzüge, hängen an breiten auf den Trägeroberflanschen laufenden Rollen, sie greifen an unter der Last angebrachten Traversen an; bei dem niedrigen Gewicht und dem geringen Hub- und Senkweg waren die Kettenzüge das gegebene Hebezeug. Abfangseile sicherten die hohen Einbauportale gegen Kippen; zwischen den doppelstieligen Füßen lagen aufeinandergeschichtete, scharfkantige Hölzer zur Aufnahme des auf Breitflanschträgern verlegten, die Baugrube überquerenden Zufuhrgleises.

Der Bauvorgang war folgender, man fuhr die Abschnitte auf den Transportwagen in die Einbauportalkräne hinein, hob sie an, zog, nachdem die Holzstapel entfernt waren, die Wagen zurück, erhöhte die Holzlagen zwischen den Portalfüßen so lange, bis die Traversen unter den Bögen erreicht waren und sicherte sich auf diese Weise gegen nachteilige Folgen beim Versagen der Kettenzüge. Anschließend wurde die Last schrittweise bei gleichzeitigem Abbau der Sicherung abgesenkt. Die Schlußarbeit bildeten der Abbruch der Zufuhrgleise und das Absetzen der Konstruktion auf die Lager.

Die benutzten Vorrichtungen waren denkbar einfach in ihrer Herstellung und Handhabung und verursachten nur geringe Kosten.

Die Gelegenheit Blechträgerbrücken durch Längsverschieben einzubauen, bietet sich nur ausnahmsweise, fehlt es doch durchgängig an der erforderlichen Länge des Bauwerkes, dessenungeachtet ist die Erörterung eines solchen Bauvorganges angebracht.

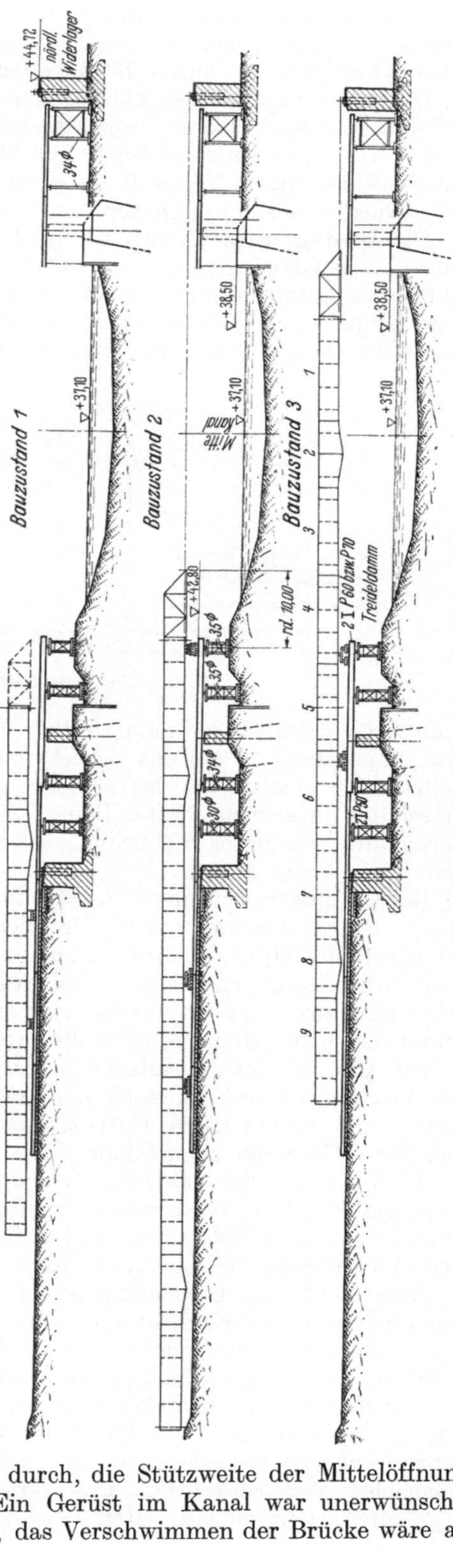

Eine Überführung der Reichsautobahnen überkreuzt den Hohenzollernkanal und die rechts- und linksseitigen Landöffnungen unter einem spitzen Winkel; die Hauptträger laufen über die drei Öffnungen durch, die Stützweite der Mittelöffnung beläuft sich auf 66,5 m (Abb. 63). Ein Gerüst im Kanal war unerwünscht, es hätte erhebliche Kosten verursacht, das Verschwimmen der Brücke wäre an

Abb. 63. Längsverschieben einer Blechträgerbrücke.

sich durchführbar gewesen, immerhin ergaben sich aus der schrägen Lage der Brücke zum Kanal gewisse Schwierigkeiten, schließlich war wichtig, daß der starke Schiffsverkehr durch die Arbeiten nicht gestört wurde.

Das linksseitige Gerüst wich in seiner Konstruktion nur wenig von einem üblichen Montagegerüst ab, jedoch waren die Stützböcke mit Rücksicht auf die beim Verschieben auftretenden Lasten kräftiger wie sonst gehalten, das rechtsseitige Gerüst diente in der Hauptsache zur Aufnahme der Verschubbahn und war dementsprechend einfacher Art.

Die Montage wickelte sich wie folgt ab: Man montierte zunächst auf dem linksseitigen Gerüst und dem anschließenden noch nicht zu voller Höhe angeschütteten Damm einen etwa 69,0 m langen Brückenabschnitt einschließlich eines Schnabels aus Fachwerk von etwa 9 m Länge, Bauzustand 1, schob das Ganze um etwa 10,0 m vor, stützte das vordere Ende durch eine Klotzlage auf

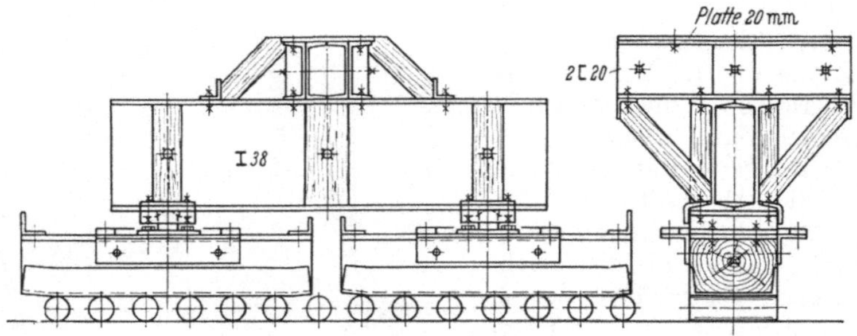

Abb. 64. Verschubwagen mit Rollen.

dem Gerüstjoch ab und gewann so Platz für die Montage der restlichen Konstruktion, Bauzustand 2. An das Zurücksetzen der Verschubwagen schloß sich ein weiteres Verschieben an, das abbrach als die Schnabelspitze die rechtsseitige Verschubbahn erreicht hatte, Bauzustand 3. Nach dem Umsetzen des einen Verschubwagens unter die Schnabelspitze legte die Konstruktion den letzten Teil ihres Weges zurück.

Bemerkenswert bei dieser Montage ist die Stellung der Wagen während der beiden ersten Abschnitte des Verschiebens, sie standen jeweils etwa 7,0 m beiderseits der Mitte des Brückenabschnittes bzw. der gesammten Brücke, aus dieser Anordnung ergaben sich drei wesentliche Vorteile, die Verschubbahnen fielen kurz aus, die Last verteilte sich gleichmäßig auf die Wagen und endlich wurde die Mittelöffnung ohne Unterbrechung überquert.

Die Abb. 64 zeigt die einfache Konstruktion der Wagen aus Stahl und Holz, die vierzehn auf zwei gekuppelten I-Trägern laufenden Rollen waren über eine Strecke von 1,80 m Länge verteilt, was der Verteilung der Last auf die Bahn und ihren Unterbau zugute kam.

Als vor etwa vier Jahrzehnten das Auswechseln von Brücken unter Aufrechterhaltung bzw. kurzfristiger Unterbrechung des Verkehrs stärker einsetzte, benutzte man für Fachwerk- und Blechträgerbrücken ohne Unterschied das gleiche Verfahren, das Querverschieben. Kleine Blechträgerbrücken mit einem Höchstgewicht von 10 t wurden jedoch schon frühzeitig mittels der fahrbaren Handdrehkräne der Eisenbahn ausgewechselt. Weiter verwendete man Portalkräne, ihnen hafteten indessen zwei Nachteile an, ihre Aufstellung war umständlich und teuer und erforderte bei Kränen größerer Tragkraft und Stützweite Hilfsgeräte und bisweilen Gerüste, weiter arbeiteten die Kräne mit Handbetrieb zu langsam. Eine grundlegende Wandlung brachten die fahrbaren Schwerlastkräne, sie erleichtern und beschleunigen die Arbeit und tragen zu erheblichen Ersparnissen bei. Ihre Verwendung ist recht vielseitig und keineswegs auf Auswechslungsarbeiten beschränkt wie aus Abb. 65 hervorgeht, zwei nebeneinanderstehende Kräne legen bei einem Bahnhofsneubau einen Riegel von 20 t Gewicht in einer nächtlichen Betriebspause ein.

Die Auswechslung der Eisenbahnüberführung nach Abb. 66 betrifft drei Überbauten kleiner Abmessungen und geringen Gewichtes, immerhin sind einige Einzelheiten recht be-merkenswert. Ein klei-ner Flußlauf und zwei Flutöffnungen wurden durch drei gleiche Über-bauten überbrückt. Die fertigen Überbauten wurden durch biegungs-feste Stöße miteinander verbunden, der Bau-stelle zugeführt, der Transportzug, dessen Zusammenstellung Be-achtung verdient, wurde auf einer Hilfsbrücke zugestellt, zwei Kräne bauten den Brückenzug als Ganzes ein. Die Auflager (Grundplatte, Walze und Oberplatte) hingen während des

Abb. 65. Riegeleinbau mit Schwerlastkränen.

Einlegens an den Hauptträgern (Abb. 67); dieses Vorgehen beschleunigte nicht nur die Arbeit, es sicherte auch die Belegschaft gegen Unfälle. Nach dem Ein-legen wurden die Verbindungen zwischen den Brücken gelöst.

Abb. 66. Einlegen eines Zuges von Blechträgerbrücken.

Die Auswechslungen von Brücken mit starkem Verkehr z. B. in Stadtbahn- und Vororstrecken brauchen ganz besonders sorgfältige Vorbereitung, zumal die verfügbaren an sich sehr kurzen Betriebspausen noch durch Gleisarbeiten, Rangierfahrten, Belastungsproben usw. verkürzt werden. Die Arbeiten lassen sich nur an Hand eines genauen Planes, der die Reihenfolge aller Arbeitsvorgänge und ihre Zeitdauer erfaßt, meistern. Ebenso wichtig ist die richtige Einteilung der Belegschaft; an alle Beteiligten müssen die höchsten Anforderungen gestellt werden, um die Arbeiten planmäßig abzuwickeln. Fehler bei der Vorbereitung, Mißgriffe bei der Ausführung geben nur zu leicht Anlaß zur Überschreitung der verfügbaren Zeit und damit zu Betriebsstörungen mit ihren unliebsamen und, bei stark befahrenen Strecken, schwerwiegenden Folgen.

Als mustergültiges Beispiel wird die Auswechslung der eingleisigen Überbauten einer Straßenüberführung in unmittelbarer Nähe des Hauptbahnhofes Hamburg an Hand des durch Skizzen erläuterten Zeitplanes (Abb. 68) behandelt.

Fünf Gleise kreuzen die Straße, die Gleise 1 und 2 dienen dem Stadt- und Vorortverkehr, die Züge werden elektrisch mit Oberleitung betrieben, Gleis 35, ein Ausziehgleis und die Gleise 3 und 4 des Fernverkehrs werden mit Dampflokomotiven befahren. Die Hauptträger der alten Brücken, über drei Öffnungen durchlaufende Blechträger, waren an ihren Enden zur Aufnahme der negativen Auflagerkräfte in den Widerlagern verankert; die Stützen standen, wie üblich, am Rande der Bürgersteige. Die Stützung der Hauptträger der neuen Brücken blieb bestehen, jedoch erhielten die Hauptträger Gelenke. Die Brücken-

Abb. 67. Lagereinbau.

länge von etwa 29 m blieb unverändert, das Gewicht eines alten Überbaues betrug etwa 60 t, das eines neuen etwa 95 t; die Gleise der Überbauten liegen auf Bettung.

Der Zusammenbau und das Abnieten der neuen Bauwerke erfolgte auf einem neben einem außer Betrieb gesetzten Ausziehgleis in unmittelbarer Nähe der Baustelle. Die Oberkante des Gerüstes für die Fertigstellung der Brücken lag in Höhe der Ladefläche der beiden zur Beförderung der für den Überbau zur Einbaustelle dienenden Waggons, das Verladen erfolgte durch Querschieben. Da jede Überführung nur als Ganzes ausgebaut werden konnte, schaltete man schon beim Zusammenbau der Hauptträger die Gelenke durch schnell lösbare Hilfskonstruktionen aus.

Die Überbauten der Gleise 4, 3 und 35 wurden einzeln mittels zweier Schwerlastkräne ausgewechselt, die Montage verlief in den üblichen Bahnen, es erübrigt sich auf dieselbe einzugehen, die verfügbare Pause von 6 Nachtstunden wurde in keinem Fall voll ausgenutzt.

Auf Grund der bei diesen Arbeiten gemachten Erfahrungen entschloß man sich, die beiden letzten Brücken in einer einzigen Betriebspause, die um eine halbe Stunde auf sechs und eine halbe Stunde verlängert werden konnte, auszuwechseln.

Allerdings erwies es sich als notwendig, den bei den ersten Überbauten eingeschlagenen Weg zum Teil erheblich abzuändern; man mußte davon absehen, die alten Brücken mit den Kränen auszuheben und auf im Nebengleis stehende Waggon zu verladen und abzufahren, wie dies bei den ersten Brücken geschehen war; man verschob vielmehr die Bauwerke seitlich auf ein über der Straße errichtetes Gerüst, dessen Breite für beide Brücken ausreichte und zerlegte sie dort später in der üblichen Weise. Die für das Arbeiten der Kräne notwendigen Abstützungen sperrten nämlich die Nebengleise, sie mußten bei jedem Zustellen bzw. Abholen von Waggons eingeschwenkt und später von neuem eingeschwenkt werden, damit waren untragbare Zeitverluste verbunden, die durch das Ausschieben der alten Brücken vermieden wurden. Ferner erwies es sich als vorteilhaft, die neue Brücke 1 zunächst an den Platz der Brücke 2 zu legen, durch Verschieben an Ort und Stelle zu bringen und anschließend die Brücke 2 einzulegen. Auf diese Weise ersparte man nicht nur ein Umsetzen der Kräne nach Gleis 1, man beschränkte auch die Arbeiten an der Stromzuleitung auf die

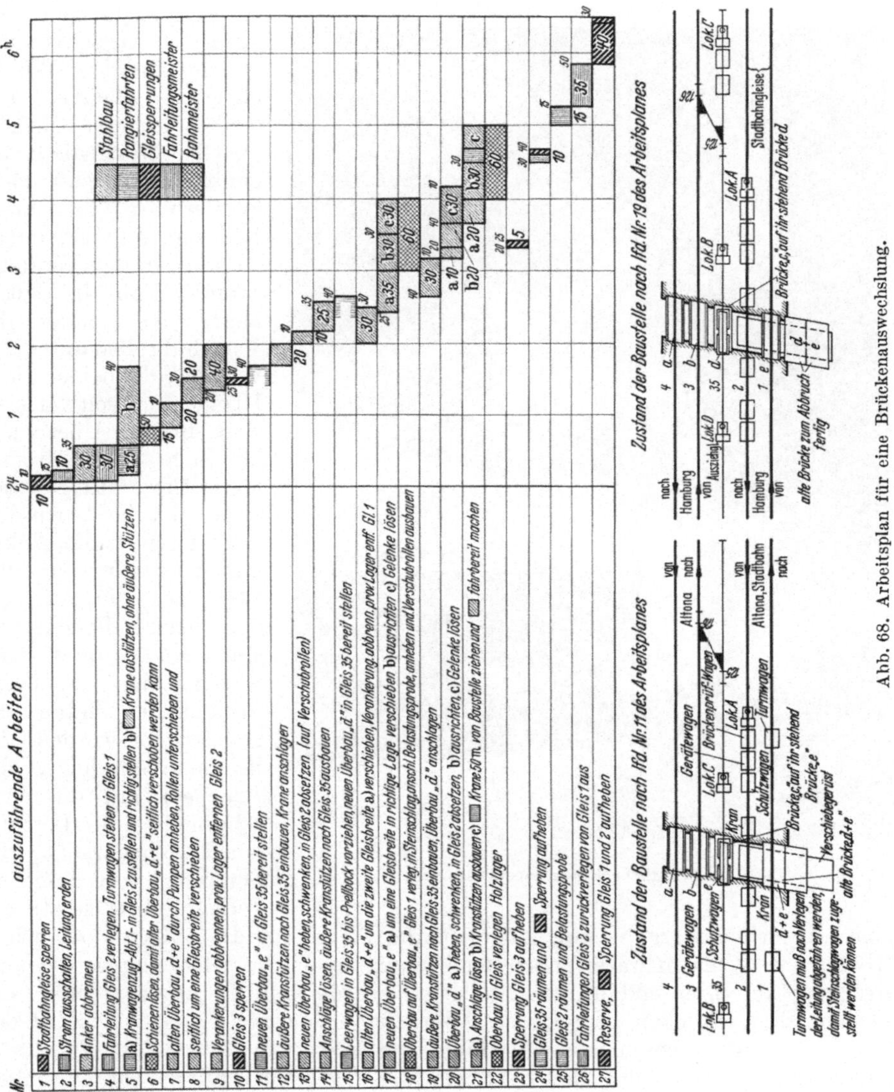

Abb. 68. Arbeitsplan für eine Brückenauswechslung.

Fahrleitung über dem Gleis 2, während die Leitung über Gleis 1 unberührt blieb. Hätte man die Kräne umgestellt, so hätten beide Fahrleitungen entfernt und neu verlegt werden müssen, um ein freies Arbeitsfeld für die Kräne zu gewinnen. Die Schwierigkeiten aus dem Zusammendrängen der Montage auf nur wenige Stunden wurden nicht verkannt, jedoch ermöglichte der eingeschlagene Weg es, die Arbeiten zeitlich so nebeneinander zu legen, daß genügender Spielraum für die Rangierfahrten, die Gleisarbeiten und das Umlegen der Fahrleitung verblieb.

Zum Erläutern des Arbeitsplanes werden die verschiedenen Arbeitsgänge und ihr Ineinandergreifen kurz geschildert. Zu Beginn wurden alle Arbeitsgruppen gleichzeitig eingesetzt; die Fahrleitungsmeisterei schaltete den Strom in den Fahrleitungen aus und verschob von zwei auf dem Gleis 1 stehenden Turmwagen aus dem Fahrdraht über dem Gleis 2 soweit nach dem Gleis 1 so zu, daß die Kräne ungehindert arbeiten konnten. Die Bahnmeisterei entfernte die Bettung auf den Brücken und öffnete die Schienenstöße, die Rangierabteilung fuhr die Kräne zu ihren Arbeitsplätzen an den Widerlagern des Gleises 2 und stellte die neue Brücke 1 im Gleis 35 zu, die Brückenbaumannschaft löste mittlerweise die alten Brücken 1 und 2 durch Abbrennen der Verankerungen, hob die Überbauten an, baute die Verschubrollen unter und verschob die beiden alten Überbauten seitwärts so weit, bis der Überbau 2 im Zuge des Gleises 1 lag. Die Auflager der alten Brücke 2 wurden entfernt und die Anker weiter verkürzt, um den Platz für die Auflager der neuen Brücke zu gewinnen. Inzwischen waren die seitlichen Stützen der Kräne ausgeschwenkt worden, die beiden Kräne legten die Brücke 1 auf die Verschubbahn, die Bettung wurde eingebracht, die Schwellen und Schienen verlegt. Jetzt setzte ein

Abb. 69. Nächtliche Brückenauswechslung.

neuer Verschiebevorgang ein, nachdem die Plätze für die Auflager der neuen Brücke 1 freigemacht waren; nach der Beendigung der Verschiebung lag die neue Brücke 1 auf ihrer endgültigen Stelle, sie wurde auf die Lager gesenkt, die beiden alten Brücken hatten das Abbruchgerüst erreicht, das Gleis auf der Brücke 1 wurde angeschlossen und fahrbereit gemacht.

Nach der Beseitigung der Sperrung des Gleises 35 durch Einschwenken der Kranstützen wurden die Leerwagen der Brücke 1 abgefahren und die Brücke 2 zugestellt, die Kräne von neuem gestützt und das Bauwerk 2 eingelegt. Die Gelenke in den Hauptträgern löste man sofort nach dem Absetzen der Brücken. Die Verlegung des Gleises 2, die Zurücklegung der Fahrleitung, das Abfahren der Kräne, die Belastungsproben konnten ungehindert durch andere Arbeiten vor sich gehen. Die gesamten Arbeiten verliefen planmäßig, die Einzelzeiten sind mit kleinen Abweichungen eingehalten worden; Störungen traten nicht auf.

Der Plan ist durch zwei Skizzen ergänzt, welche die Stellung der Kräne, der Waggons für die Zuführung der neuen Brücken und die Lage der alten Bauwerke zu zwei verschiedenen Zeitpunkten erläutern, sie geben ein anschauliches Bild, in welcher Weise die Gleisanlage beansprucht wurde und welchen Umfang die Rangierarbeiten, mußten doch vier Lokomotiven angesetzt werden, besaßen. Für die Richtigkeit der Überlegungen bei der Ausarbeitung des Planes, die Sorgfalt bei den Vorbereitungen und die gute Leitung der Auswechslung spricht, daß die reine Brückenbauarbeit in der vorgesehen kurzen Frist von nur vier Stunden erledigt war. Die Umwechslung der alten Gußstützen gegen Stahlstützen geschah zu einer anderen Zeit.

Eine recht anschauliche Vorstellung von dem nächtlichen Leben auf der Baustelle vermittelt Abb. 69.

Hochbauten.

Trotz der engen Verwandtschaft zwischen Brückenbau und Hochbau, eine scharfe Grenze läßt sich zwischen ihnen nicht ziehen, weist die Montagetechnik auf beiden Gebieten neben vielem Gemeinsamen doch erhebliche Unterschiede auf, die weniger die Ausrüstungen der Baustelle, als die Montageverfahren betreffen.

Man darf mit einer gewissen Berechtigung sagen, die Montage der Brücken unterliegt dem Einfluß der Baustelle, die der Hochbauten dem Einfluß des Baues; Brücken erfüllen stets den gleichen Zweck, sie leiten den Verkehr über Hindernisse im Gelände, ihre Gliederung ist stets die gleiche, die Form der Hauptträger ist, abgesehen von der Stützweite und damit ihrer Größe, nur in beschränktem Maße für die Wahl des Montagevorganges ausschlaggebend, er hängt im wesentlichen von der Beschaffenheit der Baustelle ab. Anders im Hochbau, er kennt Geländeschwierigkeiten kaum, die Baustellen sind durchweg glatt und eben, Hindernisse, die zu besonderen Maßnahmen zwingen, finden sich nur selten.

Gerüste spielen im Brückenbau eine sehr große Rolle, im Hochbau werden sie selten verwandt.

Die Belastungen im Hochbau sind mehr oder weniger ständige, sie ändern sich im allgemeinen langsam; ausgenommen sind Windkräfte und die stoßweise wirkenden Kranlasten, Erschütterungen durch schwere Maschinen treten nur ab und zu auf; so ergibt sich die Möglichkeit, die Baustellenstöße und Anschlüsse zu verschrauben, nur die Verbindungen gewisser Konstruktionen, wie Dachbinder, Unterzüge, Kranträger, Rahmen usw., werden genietet; das Nieten ist im großen und ganzen auf der Baustelle von untergeordneter Bedeutung. Das gleiche trifft für das Schweißen zu; wenngleich es in der Werkstatt in gewissem Umfange Eingang gefunden hat, so nimmt man doch auf der Baustelle von ihm Abstand; die Zahl vollständig geschweißter Bauten ist vorläufig noch gering.

Kennzeichnend für die Montage von Hochbauten ist, daß sie von vornherein auf die Fundamente gestellt werden, ein Freisetzen wie bei Brücken fällt fort, auch vom Einbau kleinerer oder größerer auf dem Boden montierter Gebäudeabschnitte macht man nur in bestimmten Fällen Gebrauch.

Was den Umfang, das Gesamtgewicht, das Gewicht der Einzelteile angeht, ist der Hochbau dem Brückenbau keineswegs unterlegen im Gegenteil er übertrifft ihn oft.

Die Hochbauten zeigen in ihrer Konstruktion einschneidende Unterschiede, man vergleiche ein Stahlskelett mit einem Funkturm, eine Halle mit dem Hochhaus eines Großkraftwerkes, eine Verladebrücke mit einem Erzbunker usw., trotzdem fehlen in der Montage gewisse Regelmäßigkeiten nicht.

Die Montage eines Stahlskeletts — das Aufstellen der Stützen, das Verlegen der Träger und das Ausrichten des Baues —, kann an Einfachheit nicht übertroffen werden, mit Recht arbeitet man heute noch mit dem einfachen

niedrigen Standbaum aus Holz mit der von Hand betriebenen Winde (Abb. 70);
seine Kosten sind gering, sein niedriges Gewicht ist dem dauernden Wechsel
der Arbeitsstellung günstig, die Abfangung ist meistens einfach, bei den
kleinen Gewichten und den niedrigen Hubhöhen ist die Bedienungsmannschaft
klein, gerade für die Stahlskelettmontage wird der Standbaum seinen Wert
behalten. Die Verhältnisse ändern sich aber, sobald ein Bau an Höhe zu-
nimmt, nicht nur daß der Handantrieb der Winden mit dem Wachsen der
Hubwege unwirtschaftlich wird, auch das Vorhalten der erforderlichen Arbeitsbühnen und deren dauerndes Umlegen wirkt sich nachteilig aus.

Bei der Montage großer
Stahlskelette verdrängt
der Schwenkmast den
Standbaum, seine Vor-
teile machen sich um so
stärker geltend, je um-
fangreicher und höher
der Bau wird. Montiert
man den Standbaum Ge-
schoß um Geschoß, so
treibt der Schwenkmast
den Bau in voller Höhe
vor. Für die volle Aus-
nutzung der Vorteile des
Schwenkmastes ist von
Bedeutung, daß mit einem
langen Ausleger gearbei-
tet wird, damit sich das
Umsetzen des Gerätes
in engen Grenzen hält
und daß der Ausleger
mit einem Schnabel zum
Verlegen der Decken-
träger und Pfetten aus-
gerüstet ist.

Abb. 70. Aufstellen eines Stahlskeletts.

Großen Anklang hat schon seit einer Reihe von Jahren der fahrbare Turmdrehkran (Abb. 72, S. 74) gefunden, bei seiner großen Reichweite und den
kleinen Gewichten der zu hebenden Lasten beherrscht er die Bauten üblicher
Größe von einem in der Längsachse des Gebäudes liegenden Gleise aus; er
kann in geeigneten Fällen auch den Transport der Stützen und Träger auf der
Baustelle übernehmen.

Als weiteres Gerät verwendet man den Portalkran, so z. B. bei einem Groß-
bau mit Erdgeschoß und sieben Obergeschossen; der in der Aufstellung be-
griffene Kran ist in der Abb. 71 festgehalten, er bietet die Möglichkeit, den
Bau sowohl geschoßweise wie von einem Ende aus in voller Höhe zu montieren.
Voraussetzung für seine Benutzung ist, daß das Gebäude an den Seiten freisteht.

Keines der erörterten Verfahren ist dem anderen unbedingt überlegen;
alle besitzen Vorzüge und Nachteile, sie sind beim einzelnen Bau unter Berücksichtigung der Größe, des Gewichtes, der Höhe, der Breite, der Platzverhältnisse
usw. gegeneinander abzuwägen. Die wirtschaftlichste Lösung einer Montage
läßt sich jedoch nur durch eingehende Kostenvergleiche finden.

Mit dem Ausrichten der Konstruktion, dem Senkrechtstellen der Stützen,
ihrem Ausfluchten nach beiden Gebäudeachsen, dem Einregeln der Höhenlage,
ferner mit dem Nachprüfen der waagerechten Lage der Unterzüge und Deckenträger und dem endgültigen Verschrauben der Anschlüsse und Stöße ist

frühzeitig zu beginnen, vor allem bei dem untersten Schuß der Stützen und der an ihn angeschlossenen Trägerlagen. Leider schenkt man der sauberen Ausführung der Fundamente nicht die nötige Beachtung. Würde man die Fundamentoberfläche auf richtige Höhe sauber abgleichen und die Anker unter Benutzung von Schablonen in der endgültigen Stellung einmauern, wie dies in anderen Ländern üblich ist, so würden sich die Kosten des Ausrichtens erheblich vermindern. Das heute übliche Unterlegen der Stützenfüße mit Unterlag- und Keilplatten, das nachträgliche Vergießen der Anker und Untergießen der Fußplatten verursacht ziemliche Kosten, es ist keine ideale Lösung.

Die Standsicherheit freistehender Stahlskelette während der Montage ist namentlich beim Fehlen von Stützenverankerung nicht immer vorhanden, bei

Abb. 71. Aufstellen eines Portalkranes für die Montage eines Stahlskeletts.

den großen Flächen, welche die Stützen und Träger dem Winde bieten, gefährden vor allem die auch bei günstiger Jahreszeit auftretenden Böen den unvollendeten Bau. Eine Untersuchung der statischen Verhältnisse während der Montage darf in Zweifelsfällen nicht unterbleiben. Die Konstruktion ist nötigenfalls durch Abfangtaue oder besser noch durch Montageverbände so lange zu sichern, bis die Ausmauerung der Außenwände genügend weit vorgeschritten ist.

Kleinere Hallen werden heute noch mit einfachen Holz-Standbäumen unter Verwendung von Handwinden aufgestellt, ein Verfahren das so lange wirtschaftlich bleibt, als die Gewichte der Bauteile und die Hubhöhe gering sind und infolgedessen die Arbeitsgruppen klein bleiben. Die Verwendung des Schwenkmastes bringt bei kleinen Hallen keine Vorteile; es ist fraglich, ob er gegenüber dem Standbaum Lohnersparnisse erzielt.

Zur richtigen Geltung kommt der Schwenkmast beim Montieren von mittleren und großen Hallen; bei dem üblichen Bau mit eingespannten, biegungsfesten Stützen nimmt der Mast seinen Weg in der Längsachse des Baues, die Länge des Auslegers muß genügen um mindestens ein Stützenfeld der Fläche und Höhe nach zu bestreichen, unter dieser Voraussetzung beschränkt sich das Umsetzen des Mastes auf ein Mindestmaß. Zum Verlegen von Pfetten, Verbänden usw. erhält der Ausleger einen leichten Schnabel wie beim Stahlskelett.

Der Montagevorgang ist durch die Art der Konstruktion gegeben, den Stützen folgen die Kranträger, Binderunterzüge, Binder, Pfetten, Dachreiter, Verbände usw. Soweit Nietarbeiten erforderlich sind, werden diese an der auf dem Boden liegenden Konstruktion vor dem Hochziehen erledigt. Das Nieten auf der Baustelle verzögert und verteuert die Montage, man sollte deshalb schon beim Entwurf des Baues durch die Wahl entsprechender Konstruktionshöhen die Möglichkeit Binder, Unterzüge, Kranträger usw. unzerlegt zu versenden, schaffen.

Der Schwenkmast läßt sich bei geeigneten Gebäuden z. B. dem schmalen hohen Ofenhaus (Abb. 72) vorteilhaft durch einen Turmdrehkran ersetzen,

Abb. 72. Aufstellen einer schmalen Halle mittels Turmdrehkran.

gewiß, das Aufstellen und Abbrechen des Kranes verursacht große Kosten, die aber durch einfache Bedienung und den elektrischen Vollantrieb wettgemacht werden; im vorliegenden Falle baute der Kran auch die Fachwände ein, was mit dem Schwenkmast nicht immer durchführbar ist.

Das Arbeiten der Hebezeuge im Inneren einer Halle setzt einen glatten, ebenen Arbeitsboden voraus, dies trifft bei den allermeisten Bauten zu. Verlangen die Verhältnisse die Fertigstellung von aus dem Boden ragenden Fundamenten für Maschinen und Apparate oder von Gruben im Inneren der Gebäude schon vor dem Beginn der Montage, so bleiben zwei Wege offen, man stellt entweder das Hebezeug außerhalb des Gebäudes auf (Abb. 73), oder läßt dies seine Breite nicht zu, verwendet man einen Portalkran, sofern genügend freier Platz für die Kranfüße an den Längswänden vorhanden ist.

Hallen mit Bogen- oder Rahmenbindern werden des öfteren von einem im Inneren des Bauwerkes errichteten fahrbaren Gerüst aus montiert; das Gerüst,

(Abb. 74), für die Aufstellung einer Halle über einem im Betrieb befindlichen Bahnsteig trug auf der obersten Bühne die Hebezeuge, Schwenkmasten mit kurzen Auslegern, es bot ferner während des Zusammenbaues den Binderfüßen einen Halt, nahm die Last des mittleren Binderteiles bis zur Beendigung der Nietarbeit auf, es erleichterte das Anbringen der Nietgerüste und schützte schließlich den Verkehr auf dem Bahnsteig.

Abb. 73. Montage eines Ofenhauses mit außenstehendem Schwenkmast.

Werden Gebäude in der vorgenannten Art ohne Gerüst montiert, so reicht ein Hebezeug nicht aus, wie dies beim Binderdach der Fall ist, vielmehr muß mit zwei Hebezeugen gearbeitet werden (Abb. 75); dieses Beispiel wurde gewählt um die Benutzung von Dampfwinden zu zeigen.

Interessant ist die Entwicklung, welche die Montageverfahren für Luftschiffhallen im Laufe der Jahre erfahren haben; als die Hallen noch nicht die heutigen Abmessungen besaßen, benutzte man Schwenkmaste, die in halber Höhe an pyramidenförmigen Türmen gelagert waren (Abb. 76), die Türme gingen außerhalb der Halle an den Längswänden entlang, in anderem Falle

setzte man Schwenkmaste auf hohe Holzgerüste, die ebenfalls längs den Seitenwänden verfahren wurden; die auf einer unteren Bühne befindlichen Dampfer-

Abb. 74. Fahrbares Gerüst für eine Bahnsteighalle.

winden bildeten das Gegengewicht für die zu ziehenden Lasten (Abb. 77). Bei
einer dritten Halle arbeitete man vom Inneren der Halle aus mit Standbäumen

Abb. 75. Hallenmontage mit zwei Schwenkmasten.

aus Stahl, deren Länge verstellbar war (Abb. 5, S. 14) bei einer weiteren Halle
kantete man die auf dem Boden fertiggestellten Binder als Ganzes hoch. Kurzum
man benutzte die verschiedenartigsten Verfahren, griff jedoch immer wieder
auf die schon frühzeitig benutzten fahrbaren Einbaugerüste aus Stahl nach

Abb. 78 zurück; die Gerüste, im Inneren der Halle laufend, beherrschen die gesamte Breite der Halle, die hochliegende Hauptarbeitsbühne paßt sich in etwa dem Dachumriß an, das Aufstellen der Konstruktion mit Schwenkkränen

Abb. 76. Montage einer Luftschiffhalle.

verschiedener Reichweite und Tragfähigkeit wird von der Bühne aus geleitet. Bei den gewaltigen Abmessungen der in den letzten Jahren erbauten Hallen

Abb. 77. Montage einer Luftschiffhalle.

sind die Gerüste zu einer entsprechenden Größe angewachsen; das Gerüst nach Abb. 79 ist über 60,0 m hoch, sein Gewicht überschreitet 400 t, die Zahl der Winden 25, die vier Auslegerkräne lassen sich auf einer gemeinsamen Bahn seitlich verfahren. Die beiden im Vordergrund sichtbaren schlanken Pfeiler stützen den überkragenden Dachvorbau über der Einfahrt vom Beginn der Montage an so lange, bis er seinen Halt im weiteren Verlauf der Arbeit in der

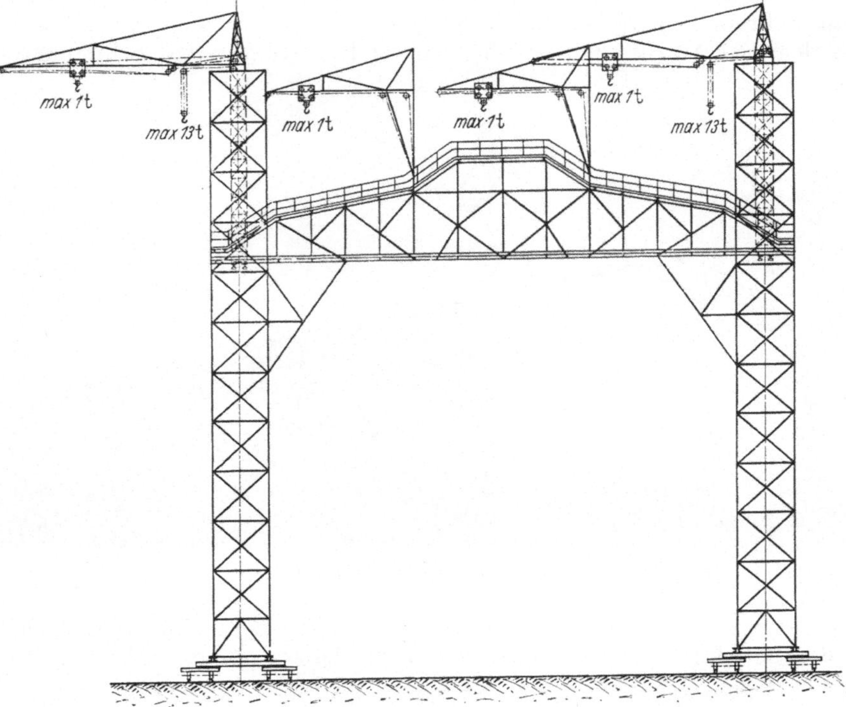

Abb. 78. Stahlgerüst für die Montage einer Luftschiffhalle.

Abb. 79. Neuzeitliches Montagegerüst für eine Luftschiffhalle.

Hallenkonstruktion selbst findet. Schon die Montage des Gerüstes ist ohne Zweifel eine hervorragende Leistung, sie erfordert große Umsicht und Vorsicht, die Schwierigkeiten des Baues liegen stärker beim Gerüst als bei der Halle.

Zu Beginn einer Hallenmontage sind besondere Maßnahmen zur Sicherung des Baues nicht immer zu umgehen, wie weit man im Einzelfalle gehen will, ist Sache der Überlegung und Erfahrung; jedoch sollte man sich stets die Folgen von Unfällen vor Augen halten und sich hüten an der falschen Stelle zu sparen, man muß mit Fehlern und Unachtsamkeiten bei der Arbeit rechnen. So ist es angebracht hohe Stützen, selbst wenn sie verankert sind, so lange abzufangen,

Abb. 80. Montage eines Kuppeldaches.

bis die Gefahr des Umschlagens beseitigt ist. Dachabschnitte bedürfen für ihre Standsicherheit bis zur Fertigstellung eines mit Verband versehenen Binderfeldes einer Abfangung, das gleiche gilt auch für Rahmen- und Bogenbinder. Grundsätzlich muß verlangt werden, daß alle Verbände eingezogen und ausreichend verschraubt werden, sobald die Möglichkeit dazu besteht, und daß der Einbau nicht bis zum Ausrichten aufgeschoben wird.

Über das Ausrichten der Hallen braucht nur wenig gesagt zu werden, es erstreckt sich auf die senkrechte und fluchtgerechte Stellung und die Höhenlage der Stützen, alles Übrige ergibt sich dann zwangsläufig. Sofern eine Halle Kranbahnen besitzt, bilden diese die Richtschnur für das Ausrichten; das Einhalten der genauen Entfernung der Kranschienen voneinander, ihre waagerechte Lage und ihr schnurgerader Verlauf bedeuten Forderungen, die allen anderen voraufgehen.

Wichtig ist die Überwachung aller Verschraubungen, in dieser Hinsicht wird leicht gesündigt, nicht nur fehlen bisweilen Schrauben besonders an Stellen,

die schwer erreichbar sind, auch das richtige Anziehen läßt bisweilen zu wünschen
übrig. Das Verschrauben und seine Nachprüfung sollte man stets nur zu-
verlässigen erprobten Kräften übertragen. Schrauben, die Stößen und Erschütterungen ausgesetzt sind, z. B. in Kranträgeranschlüssen, werden zweckmäßig
durch leichte Meißelhiebe im Gewinde gegen Lockerung geschützt.

Für die Montage einfacher auf Mauerwerk ruhender Dächer, die heute
verhältnismäßig selten gebaut werden, ist der Standbaum zweckmäßig, der
Schwenkmast ist kaum vorteilhaft.

Den früher einge-
schlagenen Weg, Kup-
peln auf dem Boden
zu montieren und an-
schließend hoch zu zie-
hen (Abb. 2, S. 3),
hat man verlassen, man
verlegt heute zuerst
den Schlußring in seine
richtige Lage auf einem
in der Mitte des Rau-
mes errichteten Ge-
rüstturm aus Holz oder
Stahl und baut an-
schließend die Grate,
Ringe, Verbände usw.
mit einem Standbaum
ein, was bei tief herun-
tergezogener Kuppel
ohnehin auf andere
Weise nicht möglich
ist. Für flache Kuppeln
kann die Verwendung
einer im Kreis laufen-
den Bühne vorteilhaft
sein, ihre Laufbahnen
ruhen auf dem Mittel-
turm und der Außen-
wand, sie werden dicht
unterhalb der Kuppel,
in ihrer Form der Kon-
struktion angepaßt, an-

Abb. 81. Hochziehen einer schweren Verladebrücke.

geordnet (Abb. 80), die Bühne nimmt die Hebezeuge, kleine Schwenkmaste
auf; sie kann durch ein auf dem Boden verfahrbares Gerüst ersetzt werden, ob
im Einzelfalle die Bühne oder das Gerüst vorzuziehen ist, bleibt eine Kost-
frage. Erwähnt wird noch, daß Bühne und Gerüst die Unfallgefahr erheblich
einschränken.

Schwere Baulichkeiten, wie Kesselhäuser von Großkraftwerken, Thomasstahl-
werke, Bunkeranlagen usw., bei denen schwere Lasten zu bewältigen sind,
werden meistens mit Schwenkmasten montiert. Sind Portalkräne von entsprechenden Abmessungen und entsprechender Tragfähigkeit verfügbar, so ist
deren Verwendung lohnend (s. Abb. 7, S. 16).

Schwere, weitgespannte und hochliegende Verladebrücken für Erz, Kohle
usw. wurden anfänglich auf Gerüsten montiert, ein Verfahren, das bei der
Länge und Höhe des Gerüstes recht erhebliche Kosten verursachte und zudem
den freien Vorbau des über das Wasser auskragenden Endes bedingte. Ein

weiterer nicht zu unterschätzender Nachteil lag in der langen Bauzeit. Um diesen Nachteilen zu begegnen, montiert man heute die Kranbrücke einschließlich der Auskragung auf dem Boden, verschiebt sie soweit erforderlich nach dem Wasser zu, zieht sie hoch und verbindet sie mit den Füßen.

Beim Bau einer außergewöhnlich schweren Verladebrücke (Abb. 81) wurden die Kranbrücke auf dem Boden liegend, die beiden Portale in ihrer endgültigen Stellung gleichzeitig fertiggestellt und letztere sorgfältig abgefangen, die Hebezeuge zum Hochziehen der Brücke, Druckwasserpressen mit hohem Hub — das zu hebende Gewicht betrug etwa 600 t —, standen auf dem Obergurt der Portalriegel; die Hubketten bestanden wie üblich aus Breitstahlgliedern; die Brücke wurde in der bekannten Weise hochgezogen und durch die beiderseitigen Schrägstäbe an das Portal gehängt. Auf dem Bilde sind diese Stäbe, die schon

Abb. 82. Hochziehen einer leichten Verladebrücke.

vorher an ihren oberen Enden mit dem Portal verbunden waren, sowie die Züge für das Anheben des unteren Endes deutlich zu erkennen, späterhin wurden die an den Untergurten der Brücken angeschlossenen waagerechten Verbindungsstäbe zwischen Brücke und den Portalen eingebaut.

Die leichte Verladebrücke (Abb. 82) zog man mit vier kräftigen, pyramidenförmigen Standbäumen aus Stahl hoch und baute anschließend die Füße unter; für das Anbringen der Füße sind zwei Wege üblich, entweder schiebt man die vorher fertiggestellten Füße auf den Fahrgleisen der Verladebrücke unter die Brücke und setzt letztere auf die Füße ab, oder man baut die Füße unmittelbar an die Brücke an.

Das Aufstellen von Funktürmen und hohen Masten von Hochspannungsleitungen bleibt heute noch den liefernden Werken überlassen; kleinere und leichtere Masten werden von den Unternehmungen, die sich mit dem Bau der Überlandleitungen befassen, gesetzt; für diesen Zweck sind Sondergeräte, sogenannte Stellzeuge geschaffen worden.

Für die Montage der Türme, deren Höhe vielfach 100 m überschreitet, genügt ein kleiner Standbaum oder Schwenkmast, der die leichten Stäbe der Konstruktion hochzieht und einbaut (Abb. 83); die zu überwindenden großen Höhen schließen trotz des niedrigen Gewichtes der Einzelteile den Handantrieb der Winden aus, als zweckmäßig erweisen sich leichte fahrbare Dampfwinden. Die Türme werden abschnittsweise aufgebaut, der Mast wird nach Vollendung der einzelnen Geschosse umgesetzt; bei der Arbeit ist auf die senkrechte Stellung der Türme zu achten. Vom Nieten der Stöße und Anschlüsse sieht man allgemein der hohen Kosten wegen ab und sichert die Verschraubungen gegen Lockern durch leichte Einkerbungen des Gewindes; dessenungeachtet darf eine Nachprüfung der Schrauben in längeren Zeiträumen nicht verabsäumt werden, da die Windkräfte, die Schwingungen der Leitungen und die Änderung der Spannung in den Leitungen die Schrauben zu lösen vermögen.

Tragmaste, die keinen oder nur ganz geringfügigen Zug aus den Leitungen aufnehmen, werden auf dem Boden zusammengebaut und hochgekippt (Abb. 84), die in den Standbäumen auftretenden Kräfte erreichen bei Beginn des Aufrichtens eine sehr beträchtliche Größe, man hat daher öfters die Standbäume durch Böcke aus zwei gespreizten Bäumen ersetzt und auf diese Weise gleichzeitig die Standsicherheit der Hebegeräte quer zur Zugrichtung erhöht. Das Verfahren setzt die Einschaltung von Gelenken zwischen den Mastfüßen und der Verankerung voraus, ferner das vollständige Abbinden der Fundamente und ihr sorgfältiges Hinterfüllen durch Einstampfen des Bodens. Der im Bilde gezeigte Mast besitzt die beträchtliche Länge von 75 m.

Ein dritter Weg des Aufstellens hoher Maste ist aus der Abb. 85 erkennbar, bei dieser Arbeitsweise wird von der Verwendung von Kippgelenken abgesehen. Zwei Standbäume richten den Mast unter Nachsetzen des Fußes auf und setzen ihn in senkrechter Stellung auf die Verankerung, man geht indessen über eine Masthöhe von etwa 35 m nicht hinaus.

Um ein Beispiel zu geben, welchen Wert rechtzeitige Überlegungen für den reibungslosen Verlauf einer Montage besitzen, wird das Aufstellen eines Fördergerüstes behandelt. Man gewinnt, wenn der Gang der Arbeiten, die Wahl der Hebezeuge usw. von vornherein gründlich überdacht werden, ein klares Bild über die Zeitdauer und Kosten und findet, das

Abb. 83. Turmmontage.

dürfte unbestritten sein, zwangsläufig eine wirtschaftliche Lösung der gestellten Aufgabe, auch wird die Überwachung der Löhne erleichtert. Die nachstehende Schilderung vermittelt ein Bild, wie die Anleitungen für die Montage schwieriger, verwickelter und besonders gearteter Bauwerke beschaffen sein sollten.

Das Gerüst ist für eine einfache Förderung mit übereinanderliegenden Seilscheiben für eine Seilbruchlast von 450 t bestimmt, die Spitze des Gerüstes liegt 56,2 m über der Rasenhängebank, sein Gewicht beläuft sich auf 385 t.

Es ist vollwandig in Rahmenkonstruktion ausgeführt, nur die Ausfachung zwischen den Strebenbeinen besteht aus Fachwerk.

Abb 84. Hochkippen eines Mastes.

Abb. 85. Aufkippen eines Mastes.

Die Skizzen a—i der Abb. 86 erläutern die Bauabschnitte, den Arbeitsablauf und die verwendeten Hebezeuge.

6*

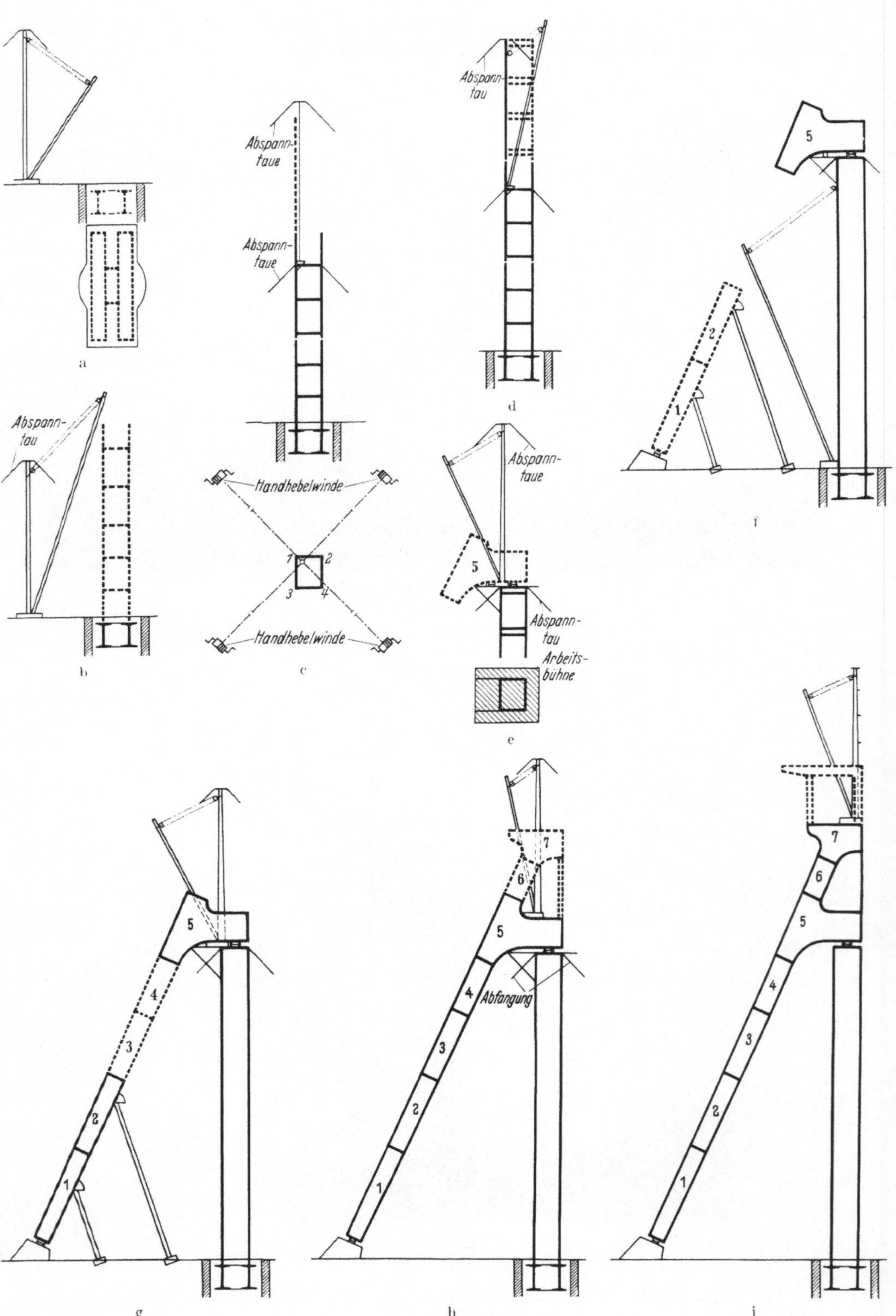

Abb. 86. Fördergerüstmontage.

Der auf der Rasenhängebank stehende Schwenkmast verlegte mit einem kurzen Ausleger (Skizze a) die Schachtträger, die wie üblich sofort eingewogen und vergossen wurden. Der gleiche Schwenkmast jedoch mit verlängertem, Ausleger, stellte alsdann die beiden unteren Schüsse des Führungsgerüstes auf (Skizze b); die beiden auf der Rasenhängebank zusammengebauten schmalen Wände des unteren Schusses des Führungsgerüstes wurden als Ganzes aufgerichtet und abgefangen; hieran schloß sich der Einbau der Riegel in den beiden breiten Wänden, ihm folgte das Aufstellen des zweiten Schusses in Einzelteilen. Nach dem Verschrauben der Stöße und Anschlüsse wurde die Abfangung von der Spitze des ersten Schusses an die Spitze des zweiten Schusses verlegt.

Beim Einsetzen des ersten Eckpfostens, des dritten Schusses, benutzte man den Ausleger zunächst als Standbaum (Skizze c), fing den eingebauten Pfosten kräftig ab und konnte nun den dritten Schuß mit dem Ausleger aufbauen (Skizze d).

Nach Abschluß der Aufstellung des Führungsgerüstes und nach Anbringung der Abfangseile am oberen Ende desselben, legte man auf den Kopf des Gerüstes eine Arbeitsbühne, welche auf der Strebenseite soweit auskragte, daß die Schildträger sicher gelagert werden konnten. Der

Abb. 87. Fertiges Fördergerüst.

Schwenkmast für die weitere Arbeit wurde über dem obersten strebenseitigen Riegel des Führungsgerüstes aufgestellt und verlegte zunächst die Schildträger 5 nebst dem hinteren Verbindungsträger (Skizze e).

Der Schwenker für den Einbau der beiden unteren Schüsse der Strebenbeine mit dem zugehörigen Verband fand seinen Rückhalt am Führungsgerüst, die Schüsse 1 und 2 wurden durch Holzsteifen in ihrer Lage gesichert, die obere Steife griff dicht am oberen Ende des zweiten Schusses an, so daß der Schuß 3 keiner Absteifung bedurfte (Skizze f). Auf ein sauberes Ausrichten der beiden Schüsse, insbesondere auf die richtige Lage der Fußplatten wurde von vornherein großes Gewicht gelegt, um Schwierigkeiten beim Einbau der Strebenstücke 3 und 4 zu begegnen.

Der Schwenkmast auf der Arbeitsbühne übernahm nun den Einbau der Strebenschüsse 3 und 4 und baute anschließend die untere Seilscheibenbühne mit Belag ein (Skizze g); weiter legte er von einem erhöhten Standort aus den Schuß 6 der Strebe, die Stütze zwischen der unteren und oberen Seilscheibenbühne und den Schildträger 7, den Verbindungsträger und einen Seilscheibenträger der oberen Bühne ein (Skizze h).

Anschließend wurde der Schwenkmast auf eine Arbeitsbühne, die auf dem Schildträger und dem schon verlegten Seilscheibenträger lag, gehoben, er verlegte zunächst den zweiten Seilscheibenträger, alsdann die Bühnenträger und den Belag, seine letzte Arbeit bestand in dem Aufstellen des Kranaufbaues;

Abb. 88. Fördergerüstmontage mittels Rohrmast.

die beiden auf der Rasenhängebank fertiggestellten einhüftigen Rahmen wurden zusammen mit den angehängten Stützen hochgezogen (Skizze i).

Nach der Beendigung der Aufstellungsarbeiten wurde das Fördergerüst und die Seilscheibenbühne nachgerichtet und vernietet, und gleichzeitig der Einbau der Treppen, Leitern, der Seilfahrtbühnen, Tore, Türen usw. erledigt. Das fertige Bauwerk zeigt Abb. 87.

Die Abmessungen des behandelten Fördergerüstes sind ungewöhnlich, bei niedrigen Höhen und bei ausreichender Größe des Bauplatzes vereinfacht sich der Montagevorgang, dann ist die Gelegenheit gegeben, mit einem auf der Rasenbank stehenden Schwenkmast zu arbeiten, auch wurden mehrfach Portalkräne verwendet. Erleichtert wird die Montage, wenn genügend Raum vorhanden ist, um die Strebenbeine auf dem Boden liegend zusammenzubauen und zu nieten und auf diese Weise das stückweise Einbauen der Beine zu umgehen.

Recht eigenartig mutet die Montage des Fördergerüstes mit einem hohen Rohrmast an (Abb. 88 und 89), der mit einem unfern der Spitze angeordneten Ausleger ausgerüstet ist. Eine Verspannung unterbindet das Auftreten von Biegungsspannungen im Rohr, beim Ziehen der größeren Lasten muß sich der Ausleger in der Ebene der Verspannung bewegen, der Mast ist im Einzelfalle entsprechend zu drehen. Der Fuß des Mastes beansprucht nur wenig Raum, er ist bei beschränkten Platzverhältnissen vorteilhaft, zumal das Aufstellen des Rohres durch Unterbauen der einzelnen Schüsse bei gleichzeitigem Anheben des oberen fertigen Teiles durchgeführt werden kann.

Abb. 89. Fördergerüstmontage mittels Rohrmast.

Wie schon erwähnt, ist der Einbau zusammenhängender, auf dem Boden fertiggestellter Bauabschnitte im Hochbau ungewöhnlich, abgesehen bei Verladebrücken und ähnlichen Bauwerken; Hochbauten sind ausnahmslos sperriger Natur, aus ihr ergeben sich Schwierigkeiten, die dem Verfahren abträglich sind; es fehlt daher im allgemeinen an der Gelegenheit, es anzuwenden, da es aber lohnend sein kann, sollte man es in geeigneten Fällen nicht unbenutzt lassen.

Das Aufrichten der hohen Giebelwand (Abb. 90) nach vollzogenem Zusammenbau auf dem Boden führte ohne Frage schneller und billiger zum Ziele als der übliche Weg, die Wand stückweise zu montieren, vorausgesetzt, daß der zum Ziehen verwendete Standbaum nicht eigens für die Montage der Wand bestimmt ist, sondern für die weiteren Arbeiten notwendig ist. Man kann sich vorstellen, daß auch bei Längswänden in ähnlicher Weise vorgegangen werden könnte, ohne daß die bauliche Durchbildung der Anschlüsse auf irgendwelche Schwierigkeiten stößt. Das Verfahren kommt ferner dem Unfallschutz zugute.

Die Unterzüge des Sägedaches (Abb. 91) sind in den schrägliegenden Glas-
flächen angeordnet und nicht wie sonst unmittelbar auf den Stützen verlagert,

Abb. 90. Aufrichten einer fertigen Giebelwand.

Abb. 91. Montage eines Sägedaches.

sondern an die Binder über den Stützen angeschlossen. Hätte man in der
üblichen Weise montiert, d. h. die Stützen gestellt, anschließend die auf ihnen
ruhenden Binder, dann die Unterzüge und die an sie angeschlossenen Binder

eingelegt, und endlich Verbände und Pfetten eingebaut, so hätten die Stützen und Stützenbinder abgefangen und beide Gurtungen der Unterzüge gegen

Abb. 92. Verschieben von Dachbindern.

seitliches Verbiegen geschützt werden müssen, auch hätte der gesamte Einbau erhöhte Vorsicht erheischt, war doch das einzelne Dachfeld erst nach dem Verlegen des Verbandes in die Dachebene standsicher. Diesen Schwierigkeiten entging man durch den Zusammenbau der einzelnen Dachfelder —, das Bild zeigt ein Endfeld —, auf dem Boden, das als Ganzes hochgezogen und auf die untergesetzten Stützen abgelassen wurde. Beim Ziehen waren fünf Hebezeuge angesetzt, ein Standbaum am Unterzug, drei Züge an den Binderfüßen und ein Zug an der Stütze (auf dem Bild in schräger Stellung sichtbar); zum Aufhängen der Binderzüge dienten Pfetten, die auf dem fertigen Dach verlagert in das in Arbeit befindliche Feld hineinkragten. Das Ar-

Abb. 93. Rollwagen für Dachbinder.

beitsspiel wiederholte sich bei der Größe der überdachten Fläche vielmals, die erhoffte Lohnersparnis stellte sich ein.

Ein Brauereibetrieb stand vor der Notwendigkeit, drei schmale Hallen, die zum Übermaß mit Apparaten zum Spülen und Füllen von Flaschen belegt waren, ohne jede Störung zu einem Raum zusammenzufassen und gleichzeitig an Raumhöhe zu gewinnen. Zu beiden Seiten der Hallen standen mehretagige massive Hochbauten, die zur Auflagerung des neuen Daches benutzt werden konnten (Abb. 92); vor den in einer Flucht liegenden Giebeln befand sich ein freier Hof. Man verlegte nun an den Längswänden der Massivbauten Laufbahnen aus Trägern, die um eine Feldweite des Daches über den Hof hinausragten, das freie Ende der Bahnen wurde abgestützt. Die Arbeit verlief in der Reihenfolge, daß zunächst ein Binder auf dem Boden fertiggestellt und mit den beiden angebauten Laufwagen auf die Bahn gesetzt und abgefangen wurde, ihm folgte der zweite Binder, anschließend wurden die Verbände in der Dachebene und die senkrechten Querverbände zwischen den Bindern' angebracht. Das Binderpaar konnte nun an Ort und Stelle gefahren werden. Recht einfach in ihrer baulichen Ausbildung sind die einrolligen Wagen (Abb. 93).

Eine andere Form der Montage von Binderpaaren zeigt Abb. 77, S. 77; die Binder wurden im Inneren der Halle auf dem Boden liegend zusammengebaut, mit einem leichten Standbaum aufgerichtet und paarweise mit den Gitterpfetten und Verbänden versehen; vier an den entsprechenden Stützenpaaren angeschlagene Züge hoben den Dachabschnitt hoch, die Stützen wurden vorher so genau ausgerichtet, daß die Anschlüsse mühelos hergestellt werden konnten. Die Pfetten der Dachabschnitte kragten in die Nachbarfelder vor, der später durch ein Oberlicht abgedeckte Schlitz lief von Längswand zu Längswand durch, in diesen Feldern waren keinerlei weitere Arbeiten erforderlich. Zur Erleichterung des Aufbringens der Dacheindeckung wurden die Holzsparren schon vor dem Hochziehen der Binder verlegt.

Abb. 94. Aufstellen einer Stütze.

Die Ausnutzung eines Standbaumes von außergewöhnlichen Abmessungen, dessen Hauptaufgabe die Montage eines Kokskohlenturmes war, zum 'Aufrichten einer hohen, einwandigen Stütze für eine hochliegende Transportbrücke lehrt Abb. 94; Stützen ähnlicher Bauart müssen während des Hochkantens gegen Verbiegungen geschützt werden, am zweckmäßigsten ist die Verstärkung der Pfosten durch angeklammerte kräftige Hölzer.

Auf einer anderen Baustelle legte der gleiche Mast, wiederum bei der Montage eines Kohlenturmes, eine vollständige Transportbrücke ein (Abb. 95), es bedarf keines Nachweises, daß gerade in diesem Falle sehr erhebliche Ersparnisse gegenüber jedem anderen Vorgehen erzielt worden sind. Bei beiden Bauten stand der Mast, das verdient hervorgehoben zu werden, außerhalb des Gebäudes, er verblieb jeweils während der Arbeit auf derselben Stelle.

Die in den letzten Jahren entwickelten weitgespannten Blechdächer mit tragender Dachhaut, in gewissem Sinne die Nachfolger der vor einem halben Jahrhundert vielfach erbauten freitragenden Wellblechdächer, sind ebenfalls in Abschnitten auf Boden montiert und hochgezogen worden[1]; fraglos führt trotz der erheblichen Kosten für das Vorhalten der schweren Hebezeuge der Fortfall des Gerüstes in geeigneten Fällen zu Einsparungen von Löhnen.

Abb. 95. Einlegen einer Transportbrücke.

Umbauten spielen im Hochbau nicht die große Rolle, wie etwa im Brückenbau die Auswechslungen; entspricht ein vorhandenes Bauwerk den gesteigerten Ansprüchen nicht mehr, so wird in der Regel ein Umbau nicht allen Forderungen gerecht werden können, so daß der Ersatz des alten Baues durch einen neuen vorzuziehen ist.

Die freistehende Außenkranbahn in der Abb. 96 baute man ohne Unterbrechung des Betriebes zu einer Halle um, nach dem Aufstellen der neuen Stützen wurde der vorhandene Kran zum Montieren der Konstruktion benutzt, die am Ende der Kranbahn auf dem Boden zusammengebauten neuen Kranträger und Dachbinder wurden von dem vorhandenen Kran aus montiert. Das Bild läßt die Verstärkung der Dachbinder mit Hilfe eines angebundenen Baumes gut erkennen, derartige Verstärkungen sind bei Ziehen von Bindern größerer Stützweite unentbehrlich.

Der Kohlenbergbau steht des öfteren, um die Leistung eines Schachtes zu steigern, vor der Notwendigkeit das vorhandene Fördergerüst gegen ein neues auszuwechseln, dessen Förderkörbe eine größere Zahl von Wagen als bisher

---

[1] Mehmel: Leichte weitgespannte Hallen. Stahlbau 1938, H. 1.

aufnimmt; es wird nicht nur die Grundfläche der Körbe, sondern auch die Zahl
seiner Etagen erhöht. Dementsprechend muß der Querschnitt und die Höhe

Abb. 96. Ausbau einer freistehenden Kranbahn zur Halle.

Abb. 97. Abfangung eines Führungsgerüstes.

des Führungsgerüstes sowie die Höhe des Fördergerüstes vergrößert werden.
Da der Schachtbetrieb keine Einbuße erleiden darf, stehen für die Auswechslungsarbeiten nur die täglichen Betriebspausen und die Pausen an Sonn- und Feier-

tagen zur Verfügung. Die Arbeiten beginnen mit dem Ausbau des alten und dem Einbau des neuen Schachtrahmens und dem Absetzen des alten Führungsgerüstes auf den neuen Rahmen (Abb. 97), die Abstützung aus schrägstehenden ⌐-Profilen ist deutlich zu erkennen, die Eckpfosten des neuen Gerüstes, das das alte umschließt, sind aufgestellt. Schon die Aufstellung des Entwurfes und die konstruktive Durchbildung der neuen Anlage setzt ein weitgehendes Vertrautsein mit dem Förderbetrieb voraus, in erhöhtem Maße gilt dies jedoch

für die Montage, die reiflich überlegter Vorbereitung und größter Vorsicht bedarf, vor allem muß Sorge getragen werden, daß keine Teile, seien es auch nur Schrauben, Nieten und ähnliches in den Schacht fallen, sie können das größte Unheil anrichten. Die beengten Platzverhältnisse und die Rücksichtnahme auf den Betrieb stellen die höchsten Anforderungen.

Das Heben eines Hochbaues wird wegen seiner Eigenart trotz seiner Seltenheit erörtert, zumal eine der bei dieser Arbeit gemachten Erfahrungen Beachtung verdient. Die Einzelfundamente eines hohen und schweren Gebäudes für eine Kohlenmahlanlage setzten sich unter den Erschütterungen, die von den Mahlwerken ausgingen. Das Gebäude wurde im Erdgeschoß von quer zur Längsachse des Baues

Abb. 98. Heben von Gebäudestützen.

angeordneten Doppelrahmen getragen, die Fundamente der Mittelstütze dieser Rahmen gaben zuerst nach, allmählich griffen die Senkungen auf die übrigen Fundamente über, der Bau drohte um die eine Längswand zu kippen. Das Wiederaufrichten des Gebäudes begann mit dem Abfangen der Stützen durch Querträger und Hilfsstützen, die durch Untergießen auf die Fundamente abgesetzt wurden. Durch Abspitzen der Fundamente wurde der notwendige Platz für das Ansetzen der Druckwasserpressen geschaffen, während des Hebens hingen die Lager der Mittelstützen an den Querträgern (Abb. 98), nach der Beendigung des Hebens wurden die Hilfsstützen erneut auf dem Fundament verlagert und anschließend das Fundament unter den Lagern aufgestampft. Ein gleichzeitiges Heben aller Gebäudestützen war nicht durchführbar, man mußte sich auf kleine Gruppen beschränken und absatzweise arbeiten. Von vornherein war deshalb zu erwarten, daß der Auflagerdruck der einzelnen Stützen nach vollzogenem Hub die rechnerisch ermittelte Stützenlast überschreiten würde, immerhin bedeutete es eine Überraschung als beim Heben eine Last von der doppelten Größe des rechnungsmäßigen Stützendruckes überwunden werden mußte. Es sind ohne Zweifel in den wichtigsten Konstruktionen ganz erhebliche Spannungsüberschreitungen aufgetreten, die im weiteren Verlauf der Arbeiten durch das Anheben der weiteren Stützen zurückgingen. Schädliche Folgen der Kräfteverlagerung haben sich nicht feststellen lassen. Das Nachgeben der

Abb. 99. Aufstellen eines Kühlers.

Fundamente wiederholte sich im Laufe der Jahre, die stärkste Gesamtsenkung einer Mittelstütze erreichte das Maß von 0,35 m, man entschloß sich daher, das Gebäude mit einer durchgehenden Eisenbetonplatte zu versehen und die Einzelfundamente an die Platte anzuschließen.

Als Grenzgebiet des Stahlbaues ist die Herstellung schwerer Blechkonstruktionen anzusehen, zu erwähnen sind Großbehälter für Wasser, Öl, Benzin usw., Schornsteine, große Gaskühler, Schleusentore und ähnliche Bauwerke, deren Montage besondere Arbeitsweisen voraussetzt.

Wenn hier als Beispiel das Aufstellen von Kühlern und Blechschornsteinen besprochen wird, so aus dem Grunde um zu zeigen, welchen Einfluß die Verhältnisse auf den Baustellen auf die Wahl des Montagevorganges ausüben und wie verschieden die Wege zur Lösung der gleichen Aufgabe ausfallen.

Der Kühler (Abb. 99) wurde, da auf der Baustelle genügend freier Raum vorhanden war, auf dem Boden liegend zusammengebaut und genietet und als Ganzes mit Hilfe zweier Standbäume aufgerichtet, der Fuß ruhte während der Arbeit auf einem Schlitten, der ihn vor Verbeulungen und kleinen örtlichen Beschädigungen schützte, das Heben wurde so lange fortgesetzt, bis der freihängende Kühler auf das Fundament abgesetzt werden konnte. Der Fuß war durch einen Zug gesichert, um das bei Eintritt des Freihängens des Kühlers eintretende Schwanken abzubremsen.

Erlaubt die Höhe eines Schornsteines oder der beschränkte Platz es nicht, ihn auf dem Boden fertigzustellen und ihn als Ganzes aufzurichten, so wird der stückweise Aufbau zweckmäßig (Abb. 100), ein leichter, am Kopf gut abgefangener Portalmast ist durch kräftige Fußkonsole am fertigen Teil des Schornsteins befestigt, er zieht die Schüsse hoch und setzt sie auf; der Stoß aus Winkelflanschen wird verschraubt. So einfach das Hochziehen, Einbauen und Verschrauben auch anmutet, so darf sie doch nur unbedingt schwindelfreien Kräften überlassen werden. Das Höhersetzen des Kranes birgt große Gefahren in sich, die durch die schwierige Verständigung zwischen der Einbaugruppe und der Bedienung der auf dem Erdboden stehenden Winden und der Bedienung der Abfangseile noch verstärkt werden; gerade bei dieser Arbeit ist größte Umsicht und Vorsicht vonnöten.

Die Schornsteine der Großkesselanlagen stehen heute durchgängig auf den Kesselhausdächern (Abb. 101), der große Durchmesser der Schornsteine, ebenso die zu bewältigenden Lasten machen den Einbau von

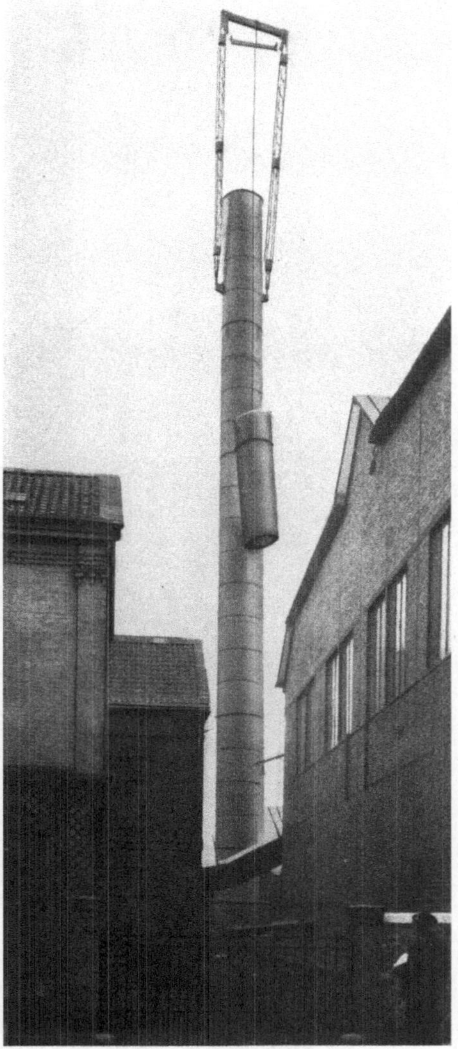

Abb. 100. Schornsteinmontage.

fertigen Schüssen hinfällig, im vorliegenden Falle hat man Halbschüsse montiert. Der zum Einbau benutzte, mit einem drehbaren Ausleger, mit einer auf ihm verfahrbaren Katze und einem Gegengewicht ausgerüstete Drehkran ist mit seiner Stütze außen am fertigen Mantelteil befestigt, er wird dem Fortschritt der Arbeit folgend höher gesetzt. Die Arbeitsbühnen sind in der Abbildung gut erkennbar, das Bild vermittelt einen anschaulichen Begriff, welche Ansprüche an die Schwindelfreiheit der Einbaukolonne gestellt werden, hockt doch ein Belegschaftsmitglied am oberen Rande des Blechschusses.

Die Kosten der drei beschriebenen Montageverfahren weisen beträchtliche
Unterschiede auf, sie stellen sich am niedrigsten beim Aufrichten des am Erdboden
fertiggestellten Mantels, sie sind am höchsten beim Montieren der Halbschüsse.

Abb. 101. Schornsteinmontage.

Im Zusammenhang mit dem Vorstehenden wird noch die geschickte Benutzung eines kletternden Portalkranes bei der Montage der Türme für eine
Hubbrücke kurz besprochen, der Kran (Abb. 102), läuft auf einer kurzen
Kranbahn, die an dem fertigen Unterteil der Türme in Höhe des zweiten Riegels
angebracht ist, er kann so die oberen Strebenteile einbauen.

Die Abb. 103 und 104 betreffen die Instandsetzung eines Schleusentores; die unteren Drehlager hatten sich im Laufe der Zeit derartig stark abgenutzt, daß sie erneut werden mußten, man hob das Tor mit Hilfe eines Schwimmkranes unter dem Beistand von Tauchern aus und setzte es später in der gleichen Weise wieder ein. Dies bot die Gelegenheit, den Torkörper gründlich zu überholen und den Anstrich zu erneuern. Diese Arbeiten wurden auf einer naheliegenden Werft im Trocknen erledigt, das Tor legte den Hinweg und Rückweg zwischen der Schleuse und der Werkstatt am Kran hängend im Wasser schwimmend zurück.

Vor die Aufgabe gestellt, einen dicht an der Weser stehenden Ölbehälter von 22 m Durchmesser an einen neuen 50 km stromaufwärts gelegenen Standort

Abb. 102. Montage von Hubtürmen.

zu versetzen, entschloß man sich, den Behälter auf dem Wasser schwimmend zu befördern. Eingehende Überlegungen ergaben, daß sich die Kosten bei diesem Vorgehen erheblich niedriger stellten, wie beim Abbrechen des Behälters, dem Transport der Einzelteile auf der Bahn oder dem Wasser und der Neumontage; weiter war maßgebend, daß Beschädigungen der Nietlöcher und der Stemmkanten der Bleche beim Abbauen im Bereich der Möglichkeit lagen und daß beim Neuvorstemmen der Nieten und Bleche in Rücksicht auf die vorhandenen Riefen Schwierigkeiten entstehen könnten. Man verkannte andererseits nicht, daß mit dem Verschwimmen ein Wagnis verbunden war, dessen Höhe mangels Erfahrung sich nicht abschätzen ließ, es wurde durch eine Versicherung abgedeckt. Der flache, wie üblich nur aus Blechen bestehende Boden genügte mangels jeder Versteifung nicht, um den während des Schwimmens auf ihn einwirkenden Wasserdruck auf den Mantel zu übertragen; durch einen auf den Boden gelegten Trägerrost und senkrecht stehende Holzfachwerke leitete man den Wasserdruck auf den oberen Randwinkel des Mantels und damit auf den Mantel. Nach dem Einbringen der Aussteifungen wurde der Behälter auf zwei Holzschlitten gesetzt und auf einer schrägen Helling zu Wasser gelassen. Die Befürchtung,

daß die Schlitten sich beim Ablaufen festsetzen könnten, erfüllte sich nicht, auch
der kritische Augenblick des Aufschwimmens wurde bei der großen Geschwindigkeit, die der Behälter beim Ablaufen annahm, glatt überwunden. Dampfer,

Abb. 103. Ausbauen eines Schleusentores.

Abb. 104. Transport eines Schleusentores.

(Abb. 105) schleppten den Behälter anstandslos den Strom aufwärts durch die
Schleuse in den neuen Ölhafen. Das Hafengelände liegt im Flutgebiet, es wurde
vor seiner Aufhöhung regelmäßig durch das Wasser überspült; eine Landzunge
blieb zunächst von der Anschüttung frei. Der Behälter wurde bei geöffneter
Schleuse während der Flut über die Landzunge bugsiert, er setzte sich beim
Ablaufen des Wassers mit dem Boden auf die Landzunge auf. Im Schutze der
geschlossenen Schleuse konnte der Behälter mittels Winden und Holzstapel

auf die Höhe des angeschütteten Geländes gehoben und wiederum, auf Holzschlitten liegend, auf einer Gleitbahn zum endgültigen Standort befördert werden. Am Ende der Arbeit erwies sich mit Rücksicht auf die Lage der Rohranschlüsse ein Drehen des Behälters als notwendig. Bei der Ingebrauchnahme zeigte sich nicht die geringste Undichtigkeit.

Ein Rückblick auf das so umfangreiche und vielgestaltige Gebiet der Montagetechnik läßt unwillkürlich die Frage nach der künftigen Entwicklung auftauchen; sind einschneidende Änderungen zu erwarten und möglich?

Es ist nicht anzunehmen, daß neue Montageverfahren entstehen werden, so lange die Größe und die Konstruktion der Bauwerke in dem heutigen Rahmen verbleiben, wenngleich die Montage in den nächsten Jahren vor schwierige

Abb. 105. Verschwimmen eines Ölbehälters.

Aufgaben gestellt werden wird, so durch den Bau der Hängebrücke in Hamburg und durch das Aufstellen der Gebäude für die neuartigen Dampfkraftwerke, die zu Hochhäusern anwachsen.

Die Größe und Tragfähigkeit der heute üblichen Hebezeuge dürfte kaum erhöht werden, zumal einem weiteren Ansteigen der Gewichte und Abmessungen der Konstruktionsteile durch die Transportmöglichkeiten eine Grenze gesetzt ist. Wohl kann ihre konstruktive Durchbildung verbessert werden, um ihren Aufbau und ihren Abbau zu vereinfachen und zu verbilligen. In diesem Zusammenhang wird nochmals auf den selbstfahrenden Drehkran mit Raupenfahrwerk und eigener Kraftanlage verwiesen, der den Vorteil besitzt, seine Reisen ohne Zuhilfenahme des Bahn- oder Wasserweges zurückzulegen.

Gelingt es der Schwierigkeiten, die zur Zeit noch beim Schweißen auftreten, Herr zu werden und seine Wirtschaftlichkeit zu steigern und wird die Nietung auf der Baustelle mehr und mehr verdrängt, so erscheint eine Erweiterung des Arbeitsfeldes der Montage keineswegs ausgeschlossen; vielleicht wird dann ein Teil der Werkstattarbeit in Rücksicht auf die Herstellungskosten auf die Baustelle verlegt werden, ferner können sich dann neue Aufstellungsweisen als notwendig erweisen.

In jüngster Zeit sind zwei für den Stahlbau wichtige Probleme zur Lösung gestellt worden, das Problem der Werkstoffmechanik und der Gestaltfestigkeit, ob sie einen so großen Einfluß auf die konstruktive Ausbildung der Bauwerke ausüben werden, daß die Montagetechnik mitbetroffen wird, steht allerdings dahin.

Baustellenkosten.

Die Herstellungskosten eines Stahlbaues pflegt man heute im Gegensatz zu früher bei der Ermittlung der Angebotspreise nach dem Baustoff-, Werkstatt- und Baustellenanteil zu trennen. Diese überaus zweckmäßige Zergliederung hat sich im letzten Jahrzehnt allgemein durchgesetzt; bahnbrechend war die Reichsbahn mit der Einführung der Richtpreise; weiter trägt die Bildung von Arbeitsgemeinschaften für die Ausführung großer Bauten zu dieser Zerlegung bei. So haben sich feste Regeln für den Aufbau der Preisberechnungen, die sich auch mit der Höhe der Unkostenzuschläge und ihre Verrechnung befassen, bilden können.

Die Preise der Baustoffe sind durch die Erzeuger- und Verkäuferverbände seit langen Jahren festgelegt; wenn der Kaufmann früher, vor der straffen Ordnung des Marktes, durch die richtige Beurteilung der voraussichtlichen Entwicklung der Wirtschaftslage aus dem Schwanken der Preise Vorteile zu ziehen vermochte, so ist dieser Weg jetzt verschlossen; die Baustoffpreise sind heute für alle Werke, von gewissen kleinen Rabatten abgesehen, die gleichen. Bei Regelbauten liegen die Anteile der Baustoffarten, Form-, Stab- und Breitstahl und Bleche, ebenso die Höhe der Zuschläge für Überpreise, Abfall, Nieten usw. fest; bei Entwürfen die einschließlich der Dimensionierung der Querschnitte durchgearbeitet sind, lassen sich die Anteile der Baustoffe hinreichend genau übersehen, nur in seltenen Fällen wird zur Schätzung gegriffen werden müssen. Der Baustoffanteil ist daher im Einzelfall fast ausnahmslos eine feste Größe.

Nicht ganz so günstig liegen die Verhältnisse beim Werkstattanteil, jedoch besitzen die Werkstätten allgemein ausreichende Erfahrungen von ausgeführten Bauwerken her, um fühlbare Abweichungen der tatsächlichen Löhne vor den veranschlagten Löhnen unterbinden zu können, obgleich nicht verkannt werden soll, daß Stockungen im Baustoffeingang, Über- und Unterbeschäftigung der Werkstatt und anderes jede noch so sorgfältige Überlegung durchkreuzen können. Ungenaue und unzureichende Unterlagen zwingen zu Schätzungen, Fehlgriffe mit nachteiligen Folgen sind aber selten, so daß der Werkstattanteil, wie der Baustoffanteil durchgängig als sichere Größe gelten kann.

Die Höhe des Werkstattanteiles hängt von der Einrichtung und der Führung der einzelnen Werkstätten, weniger von den örtlichen Löhnen, die heute mehr als früher ausgeglichen sind, ab, sie stimmen bei den verschiedenen Werken, das zu erwähnen wird nicht unterlassen, keineswegs überein, doch sind diese Unterschiede für die vorliegenden Betrachtungen belanglos.

Verglichen mit dem Baustoff- und Werkstattanteil ist und bleibt der Baustellenanteil unsicher, er setzt sich aus einer Vielzahl von Einzelkosten, die zudem zum Teil unberechenbaren Einflüssen unterliegen, zusammen, er wird daher vielfach auf Schätzungen aufgebaut.

Die Preisbildung im Stahlbau steht wie auch in anderen Gebieten des Bauwesens aus naheliegenden Gründen, die zu besprechen zu weit führt, ständig unter dem Druck des Wettbewerbs, der als Triebfeder des Fortschrittes nicht verworfen werden kann. Wohl haben die Bemühungen Auswüchse einzudämmen und angemessene, gerechte Preise zu erreichen, Erfolg gehabt, doch besteht bei Preisberechnungen immer die Neigung, alle Schätzungen mit Rücksicht auf den Wettbewerb an der unteren Grenze zu halten, so ist es verständlich, daß gerade auf den Baustellen, die tatsächlichen Kosten, häufig genug die veranschlagten überschreiten. Ob ein ausgeführter Auftrag mit Gewinn oder Verlust abschließt, hängt, da Baustoff- und Werkstattanteil festliegen, fast ausnahmslos vom Ausfall der Montage ab, obgleich ihr Anteil roh genommen und von besonderen Fällen abgesehen, nur 20—30% des Gesamtpreises ausmacht.

Der Tätigkeitsbereich des Montageingenieurs ist mit der Erledigung der technischen Arbeiten nicht erschöpft, das Veranschlagen der Montagekosten stellt ihm Aufgaben voll von Verantwortung, deren Lösung nicht nur umfassender Erfahrungen, sondern auch besonderer Sorgfalt und Hingabe bedarf.

Das heute noch vielfach übliche Schätzen der Baustellenkosten im Bausch und Bogen geht an den Erfolgen der neuzeitlichen Betriebsführung achtlos vorüber, es ist selbst bei Regelbauten zu verwerfen; auch bei Regelbauten und bei wiederholter Ausführung eines Bauwerkes kann seine Anwendung bedenklich werden, sind doch die Verhältnisse der Baustellen während der Montage nicht immer die gleichen.

Es ist ohne weiteres zugegeben, daß die Unterlagen für die Kostenermittlung häufig zu wünschen übrig lassen, daß die Witterung, Behinderungen aus der Beschaffenheit der Baustelle, Erschwernisse durch die Zusammenarbeit mit fremden Unternehmern, Schwierigkeiten aus dem Eisenbahn- und Straßenbetrieb, Nachtarbeit, Doppelschichten usw. Einflüsse ausüben, die sich zahlenmäßig kaum erfassen lassen und daher ohnehin der Schätzung unterliegen. Es ist trotzdem verfehlt, aus diesem Grunde davon abzusehen, alle Kostenanteile, die genau ermittelt werden können, getrennt von den übrigen zu behandeln und die Unsicherheit der letzteren durch weitere Zerlegung soweit wie möglich einzuschränken. Alle Schätzungen sind mehr oder weniger gefählsmäßig und daher mit Fehlern und Irrtümern behaftet, die um so mehr anwachsen, je mehr Einzelkosten in einer Schätzung zusammengefaßt werden.

Ebenso wichtig wie die Veranschlagung für die Angebotsangabe ist die nochmalige Veranschlagung vor der Inangriffnahme der Montage, sobald die Werkstattzeichnungen und Gewichtsberechnungen und alle übrigen erforderlichen Unterlagen vorliegen. Auch bei kleineren und mittleren Baustellen sollten die einzelnen Kosten rechtzeitig zahlenmäßig festgelegt werden, um als Richtschnur für die Montagen zu dienen; gleichzeitig ist zu untersuchen, ob und auf welchem Wege sich Ersparnisse gegenüber den ursprünglichen Annahmen erzielen lassen. Der Erfolg dieser Vorarbeit ist aber nur gesichert, wenn durch eine laufende Überwachung dafür gesorgt wird, daß die Ausgaben auf der Baustelle sich in dem vorgeschriebenen Rahmen halten und daß allen Abweichungen nachgegangen wird.

Grundlegend für richtiges Veranschlagen ist die Zerlegung der Gesamtkosten nach verschiedenen Kostenarten und das Sammeln der tatsächlichen Ausgaben, nach diesen Kostenarten getrennt, nach der Beendigung jeder Montage. Diese so erhaltenen Werte bilden eine sichere Unterlage bei neuen Veranschlagungen. Wieweit die Unterteilung durchgeführt wird, hängt von der Art und der Größe der Bauwerke ab, eine feste Regel läßt sich nicht aufstellen.

Der Einwand, das vorgeschlagene Verfahren sei zu umständlich, mit zu hohen Kosten verknüpft und verspreche keinen Erfolg, ist nicht stichhaltig, er wird durch die Erfahrung widerlegt.

Als wesentliche Kosten werden besprochen: die Baustellenausrüstung, Frachten, Gerüste, Löhne, Auslösungen, Reisen, Betriebsstoffe, Baustellenleitung und Überwachung, Verschiedenes und Unkosten.

Die Gepflogenheit, die gesamte Baustellenausrüstung, wie Werkzeuge, Maschinen, Hebezeuge, Krane usw., kurzum alle Hilfsmittel, die zur Ausführung benötigt werden, als ein Ganzes zu behandeln und zu verrechnen, steht nicht mehr im Einklang mit den Fortschritten, welche die Montagetechnik seit längeren Jahren erreicht hat und mit ihrer weiteren Entwicklung.

Die Kosten der Beschaffung, Instandhaltung und Erneuerung, der Ausrüstungen einschließlich der Abschreibungen werden noch vielfach summarisch als Anteil der Montageunkosten angesehen und nach der Lohnhöhe als Schlüssel verteilt. Es bedarf keines Nachweises, daß eine auch nur einigermaßen feste Beziehung zwischen der Lohnhöhe und dem Wert der Ausrüstung, also den

Kosten ihres Vorhaltens, nicht besteht, ausgenommen bei einfachen Montagen, für welche daher die übliche Verrechnungsweise zulässig bleibt. Je leistungsfähiger und hochwertiger eine Ausrüstung wird, je höhere Ansprüche an die Zahl und Tragfähigkeit der Krane und Hebezeuge gestellt werden, um so mehr sinkt im Verhältnis der Lohn und um so weniger entsprechen die tatsächlichen Kosten des Vorhaltens, den nach dem üblichen Verfahren, dem der Vorzug der Einfachheit nicht abgesprochen werden soll, errechneten. Zur Erläuterung sei darauf hingewiesen, daß zur Bedienung einer elektrischen Winde auch bei der schwersten Last nur eine Kraft ausreicht, während bei der Handwinde schon bei Lasten von wenigen Tonnen vier Kräfte oder mehr angesetzt werden müssen; der elektrische Antrieb senkt aber nicht nur die Löhne für die Bedienung der Winde, er ermäßigt auch durch die Verringerung der Hubzeit die Löhne der Einbaukolonnen.

Zur Verdeutlichung wird die Montage eines Großkesselhauses mit anschließendem Maschinenhaus (Abb. 7, S. 16) besprochen, die Gebäude bestanden in der Hauptsache aus sehr schweren Unterzügen und Stützen, die übrigen Teile, wie Fachwände, Deckenträger, Verbände usw. waren mengen- und gewichtsmäßig von minderer Bedeutung; montiert wurde mit einem Portalkran.

Der die beiden nebeneinanderliegenden Bauten (das Maschinenhaus ist im Bilde nicht erfaßt) bestreichende Kran diente außer zum Einbau auch zum Abladen, Stapeln und zum Transport der Konstruktionsteile, ihn hätte ein schwerer Schwenkmast, ergänzt durch einen Abladekran, ersetzen können. Sieht man nun von den Löhnen für das Aufstellen und Abbrechen der Hebezeuge ab, so steht unzweifelhaft fest, daß die Löhne für die übrigen Arbeiten bei der Benutzung des Schwenkmastes ganz erheblich höher ausgefallen wären, wie bei der Verwendung des Portalkranes. Das Aufbauen und Abbrechen des Portalkranes erfordert höhere Löhne wie die gleichen Arbeiten beim Schwenkmast und Abladekran, doch ist zu beachten, daß mit dem Umsetzen des Schwenkmastes und der Herstellung der Verankerungen für die Abfangseile nicht unbedeutenden Lohnausgaben verknüpft gewesen wären und daß sich die gesamten Montagelöhne in beiden Fällen keineswegs einander nähern würden, vielmehr bleibt der Vorsprung des Portalkranes bestehen.

Der Wert des Portalkranes ist mindestens doppelt so groß wie der Wert des Schwenkmastes und des Abladekranes zusammen genommen, es stehen somit die hohen Kosten des Hebezeuges und niedrige Löhne auf der einen Seite den niedrigen Kosten der Hebezeuge und hohen Löhne auf der anderen Seite gegenüber; setzt man das Vorhalten der Hebezeuge, wie dies bei der üblichen Verrechnungsweise geschieht zum gleichen Vomhundertsatz der Löhne an, so begeht man fraglos einen Fehler, man gewinnt nur dann ein richtiges Bild, wenn man das Vorhalten nach dem Wert des Hebezeuges und der Dauer der Benutzung gesondert verrechnet.

Als Ergänzung des Vorgesagten wird auf die Montage des Sicherheitstores (Abb. 11, S. 20) zurückgegriffen, das Gewicht der Baustellenausrüstung, ausschließlich des Gerüstes belief sich auf 80 t und der Wert, was nicht zu hoch ist, auf 500.— RM. je t, der Gesamtwert betrug somit 40000,00 RM. Geht man nun davon aus, daß die Ausrüstung bei ununterbrochenem Gebrauch allerhöchstens eine Durchschnittslebensdauer von 10 Jahren besitzt, so ist mit einer monatlichen Abschreibung von 0,8% des Wertes zu rechnen, eine Annahme, die in Wirklichkeit nicht ausreicht, dazu treten an Zinsen 0,5% je Monat, ferner für Ersatz von Werkzeugen, Drahtseilen, Holz für Hilfsgerüste usw. 1% monatlich und endlich für die Lagerhaltung, Instandhaltung und Verwaltung ebenfalls 1% monatlich, es betragen also die Kosten des Vorhaltens rd. 3,5% des Wertes je Monat. Die Dauer der Montage mit $3^1/_2$ Monaten und dementsprechend die Dauer der Zurverfügungstellung der Ausrüstung mit 4 Monaten vorausgesetzt, ergeben sich die Kosten des Vorhaltens zu $40000,00 \text{ RM.} \cdot 0,035 \cdot 4$

= 5600,00 RM., in diesem Betrag fehlen die Zuschläge für die Geschäftsleitung, Steuern usw. Das Sicherheitstor einschließlich Brücke, Führungen und Windenhäusern wiegt 150 t, bei einem Montagelohn von 70,00 RM. je t errechnet sich der Gesamtlohn zu 150 · 70,00 = 11250,00 RM, mithin belaufen sich die Kosten des Vorhaltens der Baustellenausrüstung auf 50% des Montagelohnes.

Die beiden Beispiele beweisen, daß die Montageunkosten in ihrer üblichen Höhe die tatsächlichen Kosten des Vorhaltens nicht im vollen Umfange decken und daß in vielen Fällen der in den Unkosten enthaltene Anteil für das Vorhalten erhöht werden muß. Vorbildlich ist das Vorgehen des Tiefbaues, der bei Baggerarbeiten, umfangreichen Erdbewegungen usw. das Vorhalten der Maschinen, Geräte u. dgl. getrennt von den übrigen Leistungen verrechnet.

Wird für eine Baustelle die Beschaffung eines neuen besonders gearteten Gerätes, z. B. eines Kranes ungewöhnlicher Stützzweite, eines Schwenkmastes, dessen Tragfähigkeit und Reichweite aus dem üblichen Rahmen fällt, Druckwasserpressen von übergroßer Stärke usw. notwendig, so ist zu prüfen, ob eine Wiederverwendung zu erwarten ist oder nicht; im zweiten Falle ist die Baustelle mit dem vollen Wert der Neuanschaffung abzüglich des Wertes der wieder verwendbaren Teile, z. B. der elektrischen Ausrüstung, der Drahtseile usw. und abzüglich des Schrottwertes zu belasten. Bei der Möglichkeit einer erneuten Benutzung ist es angebracht, nur einen Teil des Wertes zu verrechnen, dessen Höhe sich nach den Aussichten der Wiederverwendung richtet. Der Restwert ist in den Bestand aufzunehmen.

Die Verfrachtung der Ausrüstungen erfolgt zur Zeit noch überwiegend auf der Bahn, der Wasserweg wird oft nur gezwungen gewählt, wenn die Baustelle auf einem anderen Wege nicht erreichbar ist oder die Bahnfracht verbunden mit der Anfuhr sich zu hoch stellt. Je weiter jedoch der Ausbau unserer Wasserstraßen fortschreitet, vor allem nach der Vollendung des Mittellandkanals, um so mehr wird der Wasserversand an Bedeutung gewinnen, wenngleich die Frachtsätze der Reichsbahn für gebrauchte Baugeräte niedrige sind. Die Voraussetzung für die Benutzung des Wasserweges ist die günstige Lage der Werkstatt und der Baustelle zur Wasserstraße und die Ausrüstung des Abgangs- und Ankunftshafens mit Kränen genügender Tragkraft; müssen besondere Einrichtungen für das Einladen und Ausladen geschaffen werden, so wird der Vorteil der billigen Wasserfracht leicht zunichte werden.

Bei der Entscheidung der Frage, ob der Versand auf der Bahn oder auf dem Wasser der billigere ist, muß beachtet werden, daß die Tragfähigkeit der Schiffe tunlichst ausgenutzt werden muß. Ist der Anteil an sperrigen Teilen, z. B. an Stahlmasten, bei denen das Gewicht auf 0,2 t je m³ des in Anspruch genommenen Laderaumes sinken kann, groß, so steigen die Frachtkosten unverhältnismäßig an; Abhilfe kann geschaffen werden, wenn passende Stücke in das Innere der sperrigen Teile verstaut werden. Zu beachten ist ferner die Liegezeit der Schiffe; das Beladen und Entladen muß innerhalb bestimmter Fristen, die von der Größe der Schiffe abhängen, erledigt werden; Überschreitungen der Ladefristen sind besonders zu vergüten, daher sind auf den Baustellen ausreichende Vorkehrungen für das Ausladen zu treffen. Eine gute Kenntnis der Verlade- und Verfrachtungsbedingungen, sowie der Gepflogenheiten des Binnenschiffahrtsverkehrs ist bei Veranschlagung der Transportkosten unbedingt erforderlich, andernfalls können leicht unliebsame Überraschungen und Streitigkeiten eintreten. Bei der Einholung von Frachtangeboten und dem Abschluß von Frachtverträgen sind genaue Listen mit dem Gewicht, den Abmessungen und dem beanspruchten Raum jeden Stückes zugrunde zu legen; als beanspruchter Raum gilt der die einzelnen Stücke allseitig durch sechs ebene, rechtwinklig zueinander stehende Flächen umgrenzende Körper; etwa innerhalb dieses Gebildes vorhandener Luftraum wird nicht abgezogen. So errechnet sich der Rauminhalt einer Stütze aus der Länge und Breite der

Fußplatte und der Länge der Stütze, jedoch dürfen weder Knotenbleche, Konsole oder anderes aus den gedachten Begrenzungsflächen herausragen, andernfalls sind die Rechnungsmaße entsprechend zu erhöhen. Die Fracht der Stücke, deren Gewicht je m³ umgrenzten Raumes 1 t überschreitet, wird nach dem Gewicht, die Fracht aller übrigen Teile nach dem errechneten Raum bezahlt, wobei für diese Teile 1 m³ Raum 1 t Gewicht gleichgesetzt wird. Es ist üblich, die zu verladenden Stücke dem Schiff im Kran hängend zu übergeben und in gleicher Weise abzunehmen, es empfiehlt sich, in dieser Hinsicht Klarheit zu schaffen, ebenso über das Vorhalten von Unterlags- und Zwischenhölzern und etwa notwendiger Befestigungsmittel und endlich über die Versicherung gegen Beschädigungen und Verluste.

Die Gerüstkosten beeinflussen die Baustellenkosten in der Regel in erheblichem Maße, sie werden zur Zeit nur selten in den Angeboten als besondere Leistung aufgeführt; es ist vielmehr üblich, sie in den Einheitspreisen zu verrechnen, ein Verfahren, das zulässig ist, sofern das Gewicht des Bauwerks festliegt, im anderen Falle werden sich Gewichtsveränderungen zugunsten oder ungunsten des Bestellers oder des Lieferers auswirken, das liegt nicht im beiderseitigen Interesse. Das Fehlen einer genauen Gewichtsangabe führt oft dazu, die Gerüstkosten als Zuschlag zum Einheitspreis zu schätzen, dieses Verfahren ist seiner Unsicherheit halber zu verwerfen. Man sollte sich stets der Mühe unterziehen, bei den Veranschlagungen die Gerüstkosten an Hand von Skizzen und Überschlagsrechnungen so genau wie möglich zu ermitteln und schwere Gerüste, vor allem soweit Rammarbeiten erforderlich werden, unter Berücksichtigung der Bodenverhältnisse eingehend zu bearbeiten. Auf jeden Fall ist vorzuziehen, das Gerüst getrennt von den übrigen Leistungen zu halten und es nicht in diese einzuschließen.

Ob die Gerüste von fremden Unternehmern vorgehalten oder im eigenen Betriebe hergestellt werden, ist eine Kostenfrage; meistens ist es vorteilhaft, den Bau und das Vorhalten schwerer Gerüste einem geeigneten Unternehmer, der sich mit derartigen Ausführungen befaßt, zu übertragen.

Der Preis des Unternehmers ist zum Ausgleich des Wagnisses, der allgemeinen Unkosten, der Umsatzsteuer usw. zu erhöhen; ein Zuschlag für Gewinn wird durch die Größe der Leistung gerechtfertigt.

Es ist ferner üblich, dem Unternehmer das Kleineisenzeug, wie Klammern, Bolzen, Spannstangen, Pfahlschuhe usw. kostenlos zur Verfügung zu stellen, die Kosten dieser Teile sind unter Anrechnung der zu erwartenden Verluste zu berücksichtigen. Zum Tragen der Gerüstdecke verwendet man heute fast ausnahmslos Träger, für dieselben sind Frachten, Leihgebühr, Löhne für das Verlegen und Entfernen zuzüglich der üblichen Montageunkosten anzurechnen, ebenso Wagnis, Umsatzsteuer und Gewinn.

Werden die Gerüste im eigenen Betriebe hergestellt, so müssen sie wie Lieferungen an Fremde behandelt werden. In diesem Falle ist bei den Preisen für die Baustoffe die Möglichkeit ihrer Wiederverwendung oder falls diese nicht gegeben ist, der Neuwert abzüglich des Altwertes zugrunde zu legen. Das für einfache Bockgerüste über Straßen, flache Gewässer, Gleisanlagen usw. verwendete Holz kann durchgängig mehrmals benutzt werden, zum mindesten können aus den Stielen und Schwellen Unterlagsklötze geschnitten werden, ebenso können Streben, Zangen und Belaghölzer an anderen Stellen verbraucht werden. Der Wert wird sich in der Regel bei der ersten Benutzung auf die Hälfte der Anschaffungskosten vermindern; nur in ganz besonders günstig gelagerten Fällen kann die Abschreibung auf den Neuwert auf ein Drittel des Neuwertes ermäßigt werden. Der Abgang bei den Bohlen der Gerüstdecke ist um so größer, je länger die Benutzungsdauer ist. Er erhöht sich noch, falls der Belag mit Rücksicht auf den Verkehr unter dem Gerüst so dicht verlegt werden muß, daß das Durchfallen auch kleinster Teile ausgeschlossen wird und die Bohlen infolgedessen durch Nageln gegen Verschieben gesichert werden müssen. Wird auf einer Baustelle ein Gerüst mehrfach umgesetzt, so sind die Umstellungskosten zu verrechnen und die Abschreibungen sinngemäß zu erhöhen; auch sind die Kosten für den notwendigen Ersatz anzusetzen.

Die Veranschlagung des einfachen Bockgerüstes nach Abb. 11, S. 20 wird als Beispiel angeführt; auf die Ermittlung der Massen ist der Einfachheithalber verzichtet worden:

85 m³ Rundholz je m³ 70,00 RM.	5950,00 RM.
32,0 m³ Kantholz je m³ 80,00 RM.	2560,00 „
290,0 m² Bohlen je m² 4,00 RM.	1160,00 „
Summa	9670,00 RM.
Abschreibung ein Drittel des Neuwertes	3220,00 „
bleiben	6450,00 RM.
2,0 t Kleineisenzeug vorhalten je t 150,00 RM.	300,00 „
460,0 lfd. m Schwellen, Pfosten, Riegel usw. verzimmern, aufstellen und abbrechen je lfd. m 2,00 RM.	920,00 „
300,00 lfd. m Belaghölzer verlegen und abbauen je lfd. m 0,50 RM.	150,00 „
290,00 m² Bohlen verlegen und abbauen je m² 1,00 RM.	290,00 „
36,00 t Träger vorhalten je t 20,00 RM.	720,00 „
36,00 t Träger verlegen und ausbauen je t 30,00 RM.	1080,00 „
Hin- und Rückfracht für Holz 55 t, Träger 36 t je t 10,00 RM. .	910,00 „
Summa	10820,00 RM.
Wagnis und Gewinn	1080,00 „
	11900,00 RM.
Umsatzsteuer und Abgaben 4%	476,00 „
Summa rd.	12380,00 RM.

Beim Veranschlagen der vorstehend behandelten Kosten bewegt man sich auf einem ziemlich sicheren Boden, bei sorgsamen Überlegungen sind Fehler und Irrtümer von schwerwiegender Bedeutung nicht zu erwarten. Viel ungünstiger liegen die Verhältnisse bei der Vorausbestimmung der Löhne, bei ihr lassen sich Schätzungen des öfteren nicht umgehen. Fraglos bieten die bei ausgeführten Bauten gesammelten Erfahrungen eine gute Grundlage für diese Schätzungen, jedoch kann die Einwirkung bestimmter Einflüsse, die auszuschalten nicht in der Macht des Montageingenieurs liegt, häufig nicht von vornherein übersehen werden, zu solchen Einflüssen zählen ungünstige Witterung, Betriebsstörungen irgendwelcher Art, Schwierigkeiten bei der Einstellung der Belegschaft, der Mangel an geeigneten Arbeitskräften usw. Dies darf aber in dem Gedanken, daß die Unsicherheiten sich nicht aus der Welt schaffen lassen, nicht zum Anlaß werden, dem Schätzen allzu großen Raum zu gewähren. Überschätzungen der Löhne sind aus dem Wettbewerb heraus selten, Unterschätzungen dagegen häufiger; die veranschlagten Löhne werden dann überschritten, außer ihnen bleibt ein entsprechender Anteil der Unkosten ungedeckt, der erwartete Gewinn verwandelt sich in einen Verlust.

Bevor auf die Mittel und Wege einer scharfen und genauen Ermittlung der Löhne eingegangen wird, seien vorweg einige Voraussetzungen für ein sparsames Wirtschaften auf der Baustelle erörtert.

Wesentlich in dieser Hinsicht ist der glatte ungestörte Verlauf der Arbeiten, schädlich ist jeder Leerlauf, der häufiger eintritt wie allgemein angenommen wird, zu warnen ist in diesem Zusammenhang vor der verfrühten Inangriffnahme der Montage, sie darf erst beginnen, nachdem die Arbeiten in der Werkstatt weit genug gediehen sind, um eine ausreichende Belieferung der Baustelle zu sichern. Von Bedeutung ist weiter die Verteilung der Arbeiten und das Abstimmen der einzelnen Arbeitsvorgänge aufeinander; schon in einer gut eingerichteten Werkstatt ist es bisweilen schwierig einen ungestörten Fluß der Arbeit und eine gleichmäßige Beschäftigung der Belegschaft zu erreichen, auf der Baustelle hapert es in dieser Hinsicht häufig genug.

Verfrühtes oder verspätetes Ansetzen der Nietkolonnen, falsche Anordnungen beim Transport und ähnliche belanglos erscheinende Vorkommnisse führen vielfach zu unnützen Lohnausgaben; Fehler dieser Art treten bei den Besichtigungen der Baustellen nicht immer zutage, sie machen sich meistens erst bemerkbar, wenn ein Eingreifen nicht mehr möglich ist. Die rechtzeitige Überlegung und Festlegung des Verlaufes der Montage, die richtige Bemessung der Größe der Belegschaft und ihrer Zusammensetzung schaffen Abhilfe. Es ist unbedingt zu verwerfen, dem Richtmeister uneingeschränkt freie Hand bei seinem Tun und Lassen auf der Baustelle zu gewähren, es wird sich immer lohnen, alle Einzelheiten der Arbeit mit ihm rechtzeitig durchzusprechen und ihm auf Grund derselben fest umrissene Anweisungen, vor allem bezüglich der Zahl der Belegschaftsmitglieder zu geben, andernfalls besteht die Gefahr, daß zuviel Rücksicht auf den unausbleiblichen Wechsel genommen wird. Vermehrung und Verminderung der Belegschaft sollte nicht in das Belieben des Richtmeisters gestellt werden. Gewiß sind Änderungen der ursprünglichen Anordnungen während der Montage nicht immer vermeidbar, das ist jedoch kein Grund, von einer Regelung des Ablaufes der Montage abzusehen.

Die Bedeutung der rechtzeitigen Planung einer Montage auf die Höhe der Löhne wächst um so mehr, je größer und umfangreicher das Bauwerk und je verwickelter der Bauvorgang wird.

Das beste Hilfsmittel für die richtige Veranschlagung der Löhne liegt in der Zerlegung derselben nach den einzelnen Arbeitsvorgängen und der Schaffung und Sammlung von Vergleichsunterlagen aus ausgeführten Montagen. Wieweit man bei der Zerlegung gehen will, hängt von der Größe und Art der Bauwerke ab; es wird daher davon abgesehen, bestimmte Regeln zu geben, es werden lediglich die vorhandenen Möglichkeiten besprochen. Ein voller Erfolg wird erst erzielt, wenn genügend Vergleichswerte vorliegen, es müssen daher bei jeder Montage die Lohnaufwendungen für die verschiedenen Arbeiten laufend getrennt gehalten werden; zweckmäßig sind Vordrucke, in welche die Eintragungen täglich vorgenommen werden; es genügt vollkommen, wenn die verfahrenen Stunden eingesetzt werden. Nach der Beendigung der Montage werden die Ergebnisse zusammengestellt, gesichtet und gesammelt. Die Umrechnung der Zeit in Geld kann unterbleiben, es ist für künftige Veranschlagungen richtiger, von der Zeit als vom Geldwert auszugehen, da der Durchschnittslohn auf den Baustellen schwankt.

Das Einrichten und Räumen einer Baustelle umfaßt alle Leistungen, die für den Aufbau des Montagebetriebes und seine Auflösung erforderlich sind; ob sie zum Teil zeitlich mit den übrigen Montagevorgängen zusammenfallen, was ja häufig der Fall ist, bleibt belanglos; es ist nicht schwer, die auf einer Baustelle für das Einrichten und Räumen verfahrenen Stunden scharf zu erfassen. Geht man einen Schritt weiter und ermittelt durch einen sachverständigen Beobachter, dem selbstverständlich jede Einwirkung auf die Arbeit untersagt ist, die Stunden für das Aufstellen und Abbauen der Hebezeuge nach Art und Größe getrennt, wobei die Art des Transportes und die Länge des Weges beachtet wird, so gewinnt man im Laufe der Zeit Mittelwerte, die die Treffsicherheit künftiger Veranschlagungen erheblich erhöhen, und das um so mehr als die Aufwendungen für die Hebezeuge in der Regel einen nicht unerheblichen Anteil der Gesamtaufwendungen ausmachen. Weiter ist zu beachten, daß die übrige Ausrüstung zwar dem Umfang nach verschieden ist, sich aber stets aus den gleichen Einzelteilen zusammensetzt und daß daher auch für sie die Möglichkeit besteht Unterlagen zu schaffen, mit denen die Fehler von Schätzungen ausgeschaltet werden. Selbstverständlich müssen veranschlagte und verfahrene Stunden späterhin miteinander verglichen und die Ursachen starker Abweichungen aufgeklärt werden.

In ähnlicher Weise läßt sich beim Veranschlagen der übrigen Löhne vorgehen, wenn die Bauwerke, soweit wie angängig in Gruppen zusammengefaßt werden, wie Blechträgerbrücken, Fachwerkbrücken, Stahlskelette, Hallen usw. und wenn das Gewicht je lfd. m oder je m² oder ein anderer Maßstab für die weitere Einteilung benutzt wird. Es fällt nicht schwer, Grenzwerte für die einzelnen Untergruppen zu sammeln, die für den überwiegenden Teil der Montagen einen sicheren Anhalt für die Höhe der zu erwartenden Löhne geben, diese Werte werden auch bei Bauwerken ungewöhnlicher Art und Größe als Anhalt von Nutzen sein können.

Die Löhne für Abladen, Stapeln und für Transport auf der Baustelle schwanken in weiten Grenzen, sie lassen sich mühelos erfassen, es genügt im allgemeinen die genannten Löhne gemeinsam zu verfolgen; nur besondere Verhältnisse rechtfertigen eine Unterteilung. Die Höhe der Löhne hängt von der Beschaffenheit der Baustelle, den benutzten Hilfsmitteln und der Länge der Transportwege ab. Besitzen die Konstruktionsteile geringe Gewichte, so wird man, abgesehen von Rollen, beim Transport auf Hilfsmittel verzichten. Wachsen die zu bewegenden Mengen, z. B. bei großen Stahlskeletten, vergrößern sich die Stückgewichte, werden die Stücke sperrig, kann man Kräne nicht mehr entbehren. Je nach den Verhältnissen werden Dampfkräne, Schwenkmaste, fahrbare Portalkräne zweckmäßig sein, für kleinere Mengen kann der Handbetrieb ausreichen, bei großen Lasten und großen Mengen ist der maschinelle Antrieb vorzuziehen. Der Transport erfolgt fast ausnahmslos von Hand, schwere Lasten und lange Wege erfordern die Verwendung von Feldbahnen.

Obgleich die Aufwendungen für Abladen, Stapeln und Transport in der Regel einen verhältnismäßig geringen Anteil der gesamten Montagekosten ausmachen, sollte es doch nicht verabsäumt werden, sobald es sich um größere Arbeiten handelt, die verschiedenen Möglichkeiten auf ihre Wirtschaftlichkeit zu untersuchen, dabei sind außer den reinen Löhnen auch das Vorhalten, das Aufbauen und Abladen der Einrichtungen zu beachten.

Der größte Teil der Löhne entfällt auf das Aufstellen, Ausrichten, Verschrauben, Nieten und Schweißen und verdient daher eine besonders sorgfältige Behandlung; die Löhne für die zuerst genannten Arbeiten voneinander zu trennen, lohnt sich kaum, dagegen muß das Nieten und das Schweißen gesondert gehalten werden.

Einen genauen Überblick über die Nietarbeiten einschließlich des Aufreibens läßt sich nur aus den Werkstattzeichnungen gewinnen, ebenso geben Konstruktionszeichnungen meistens genügend Aufschluß über ihren Umfang, die Löhne können dann hinreichend genau bestimmt werden, zumal die Leistungen der Nieter aus den langjährigen Erfahrungen genügend bekannt sind. Schätzungen der Nietzahlen an Hand der Gewichte und der Art der Bauwerke sind sehr unsicher, da die Werte sehr stark streuen[1]. Ob man die Löhne für die Nietgerüste für sich ermittelt, wird sich bei größerem Umfange derselben empfehlen. Was für das Nieten gilt, trifft auch für das Schweißen zu.

Löhne für Wächter, Maschinisten, Elektriker, Werkzeugmacher, Magazinverwalter usw. sind zwar von minderer Bedeutung, sie dürfen aber nicht unbeachtet bleiben.

Die Veranschlagung der Löhne nach den verschiedenen Arbeitsvorgängen getrennt, zeitigt in den meisten Fällen ein zutreffendes Ergebnis, immerhin sollte man bei großen Bauten nicht unterlassen, Vergleiche unter Einschlagung verschiedener Wege zu ziehen; wie dies geschehen kann, wird an der Montage einer großen Halle gezeigt. Die erste Berechnung geht von den Arbeitsvorgängen aus, die zweite von der Zerlegung der Konstruktion nach Stützen, Kranträgern, Unterzügen, Bindern usw., und die dritte von der Zusammensetzung der Belegschaft, dem Durchschnitts-Stundenverdienst und der Dauer der Montage.

Als Beispiel wird eine Halle im Gewicht von 4100 t gewählt, sie besteht aus vier Schiffen von je 25,00 m Weite und 20 Feldern von 15,00 m Länge und

---

[1] Schaper, Grundlagen des Stahlbaues, S. 276/277.

besitzt dementsprechend eine Breite von 100,00 m und eine Länge von 300,00 m, in jedem Schiff ist eine Kranbahn vorhanden, die Binder ruhen in 5,00 m Entfernung voneinander auf den Stützen und den zwischen diesen gespannten Unterzügen, die Binderuntergurte liegen 12,00 m über dem Hallenboden, in jedem Binderfeld ist eine durchlaufende Laterne vorgesehen, Längs- und Giebelwände sind als Fachwerk ausgeführt. Die Binder werden in Stücke zerlegt zur Baustelle befördert und an Ort und Stelle zusammengebaut und genietet.

Zerlegt man die Arbeitsvorgänge, so stellt sich die Rechnung wie folgt:

Einrichten und Räumen der Baustelle	2,00 RM. je t
Abladen, Stapeln und Transport	5,00 „ je t
Nieten	2,00 „ je t
Aufstellen, Ausrichten und Verschrauben	14,00 „ je t
Sonstige Löhne	1,00 „ je t
Summa	24,00 RM. je t

Werden Erfahrungswerte für das Montieren der verschiedenen Bauteile zugrunde gelegt, so ergibt sich

Einrichten und Räumen der Baustelle	8400,00 RM.
1200 t Stützen, 15,00 RM. je t	18 000,00 „
800 t Kranträger, 18,00 RM. je t	14 400,00 „
150 t Binderunterzüge, 18,00 RM. je t	2700,00 „
900 t Binder einschließlich Nieten, 32,00 RM. je t	28 800,00 „
500 t Pfetten und Laternen, 34,00 RM. je t	17 000,00 „
350 t Fachwände, 22,00 RM. je t	7700,00 „
200 t Verbände, 30,00 RM. je t	6000,00 „
Summa	103 000,00 RM.

oder je t 25.40 RM.

Legt man der Lohnermittlung die Größe und die Zusammensetzung der Belegschaft zugrunde, so erhält man folgendes Bild: Für die Überwachung der umfangreichen Arbeiten muß dem Richtmeister ein Hilfsrichtmeister beigegeben werden, der insbesondere das Abladen, Stapeln und den Transport beaufsichtigt, um das rechtzeitige Eintreffen der Bauteile an den Arbeitsstellen und das Einhalten der richtigen Reihenfolge sicherzustellen. Weiter wird der Richtmeister durch einen jüngeren Lohnbeamten von der Führung der Lohn- und Verteilungslisten, der Prüfung der eingehenden Waggons, vom Briefwechsel mit dem Werk und anderen schriftlichen Arbeiten befreit. Zum Abladen und Stapeln dient ein Dreimotorenlaufkran, die in den vier Schiffen arbeitenden vier Schwenkmasten sind mit Elektrowinden ausgerüstet, während die Winden der beiden Standbäume zum Einbauen der Fachwerkwände Handantrieb besitzen. Zwei von je einem Vorarbeiter geführte Einbaukolonnen übernehmen das Aufstellen der Schiffe, ihnen sind die beiden Nietkolonnen unterstellt, die der Kolonne für das Zusammenbauen der Binder Hilfe leisten, weitere zwei Kolonnen werden zum Ausrichten und Fertigverschrauben des Baues angesetzt, für ihre Beaufsichtigung genügt ein Vorarbeiter, ebenso werden die beiden Kolonnen für den Einbau der Wände einem Vorarbeiter unterstellt. Endlich werden ein Elektriker, ein Werkzeugmacher, der mit einer Hilfskraft das Schrauben- und Nietenlager verwaltet, eingestellt.

Die Belegschaft besteht demnach aus:

Richtmeister, Hilfsrichtmeister und Lohnbeamter	3	Köpfe
Ablade- und Stapelkolonne	4	„
4 Transportkolonnen	16	„
1 Zusammenbaukolonne einschl. Vorarbeiter	6	„
2 Nietkolonnen	8	„
2 Einbaukolonnen für die Schiffe	12	„
2 Ausrichtkolonnen	9	„
2 Kolonnen für den Einbau der Wände	9	„
Elektriker, Werkzeugmacher mit Hilfskraft und Wächter	4	„
Für sonstige Arbeiten und zur Aushilfe	7	„
zusammen	78	Köpfe

Der Durchschnittsverdienst je Stunde bestimmt sich wie folgt:

1 Richtmeister je Stunde 1,75 RM.	1,75 RM.
1 Hilfsrichtmeister je Stunde 1,65 RM.	1,65 „
1 Lohnbeamter je Stunde 1,60 RM.	1,60 „
6 Vorarbeiter je Stunde 1,50 RM.	9,00 „
4 Facharbeiter je Stunde 1,45 RM.	5,80 „
65 Hilfsarbeiter je Stunde 0,80 RM.	52,00 „
	71,80 RM.

also im Durchschnitt 0,92 RM. je Stunde.

Das Einrichten und Räumen der Baustelle erfordert für

den Laufkran einschl. Laufbahn	900 Stunden
das Transportgleise	1800 „
vier Schwenkmaste	3000 „
zwei Standbäume	200 „
Unterkunftsräume, Magazine usw.	1300 „
	7200 Stunden

Die Leistungen der beiden Einbaukolonnen an der Halle sind für die Dauer der Montage maßgebend, sie werden ein Querfeld von 15,00 m Tiefe und 100,00 m Breite in 7 Arbeitstagen, die gesamte Halle demnach in 140 Tagen aufstellen, die übrigen Kolonnen folgen im Gleichschritt, der Einbau der Wände, der anfänglich, da die erste Giebelwand längere Zeit beansprucht, zurückbleibt, wird bei den Längswänden aufgeholt. Am Schlußgiebel arbeiten alle Kolonnen gemeinschaftlich; zum Ausgleich von Verzögerungen durch die Witterung usw. dient ein Zuschlag von 10 Tagen. Der gesamte Aufwand an Zeit bestimmt sich zu $150 \cdot 8 \cdot 78 + 7200 = 100\,800$ Stunden und der Gesamtlohn zu $108\,000 \cdot 0,92 = 92\,736,00$ RM. oder je t 22,60 RM.

Je seltener im Hochbau ungewöhnliche Arbeiten auftreten, um so häufiger ist dies im Brückenbau in neuerer Zeit der Fall; zu ihnen rechnen das Heben und Absenken, das Verschwimmen von Brücken und anderes; dann das Veranschlagen der Löhne auf Erfahrungswerte zu stützen, ist nur ausnahmsweise möglich, ändern sich doch die Verhältnisse auf den Baustellen dauernd. Als einzigen gangbaren Weg kommt die Zerlegung der Arbeitsvorgänge und die gewissenhafte Schätzung der Zahl der bei ihnen einzusetzenden Arbeitskräfte und der Zeitdauer in Frage. Zum Beispiel wird man die Längsverschiebung der Brücke nach Abb. 63, S. 65, etwa nach folgenden Einzelheiten trennen, das Verlegen und Abbrechen der Verschubbahnen, das An- und Abbauen des Hilfsschnabels, das Unter- und Umsetzen, sowie das Entfernen der Laufwagen, das Verschieben der Brücke und schließlich das Absenken derselben auf die Lager.

Die Auswechslung der Brücken, wie in der Abb. 69, S. 70, gezeigt wird, bedeutet einen Höhepunkt der Veranschlagung; reifliche Überlegungen und große Erfahrungen sind die Voraussetzungen für die zutreffende Beurteilung der zu erwartenden Löhne. Neben dem technischen Wagnis bei Arbeiten des angeführten Beispiels, das an dieser Stelle nicht unerwähnt bleiben darf, ist das Wagnis hinsichtlich der Löhne nicht minder groß. Man muß dem Können, dem Wissen und der Erfahrung der Montageingenieure und ihren Mitarbeitern, die es ermöglichen, derartige Ausführungen zu festen Preisen zu übernehmen, die höchste Anerkennung zollen.

Mag die Sorgfalt beim Veranschlagen noch so groß sein, immer wieder treten im Verlauf der Montage unvermutete Zwischenfälle auf, die alle Voraussicht zunichte machen, genannt seien Witterungseinflüsse, wie Regen, starke und andauernde Kälte, Terminverlegungen, die das Verschieben der Montage in eine ungünstige Jahreszeit veranlassen, während die Ausführung in günstiger Zeit beabsichtigt war, Störungen in der Belieferung der Baustelle und ähnliches. Weiter sind die Fähigkeiten und Leistungen der Richtmeister unterschiedlich, nicht immer ist es möglich, eine Baustelle so zu besetzen, wie ursprünglich geplant war, ferner ist für die Leistung der Belegschaft von Bedeutung, ob die Baustelle in einer ländlichen Gegend oder in einem Industriegebiet liegt, sodann kann ein starker Wechsel in der Belegschaft zu Erschwernissen führen. Alle diese Dinge lassen sich, selbst wenn sie von vornherein vermutet werden, niemals geldlich richtig einschätzen; gewisse Unsicherheiten beim Veranschlagen werden stets bleiben.

Alle Mühe und alle Sorgfalt beim Veranschlagen wirken sich nicht aus, sofern nicht die Überschreitung der verfügbaren Löhne durch eine laufende Überwachung und durch rechtzeitiges Eingreifen unterbrochen wird. Sehr geeignet für diesen Zweck sind Schaubilder nach Abb. 106, sie besitzen gegenüber anderen Aufzeichnungen z. B. gegenüber der Zusammenstellung der für die

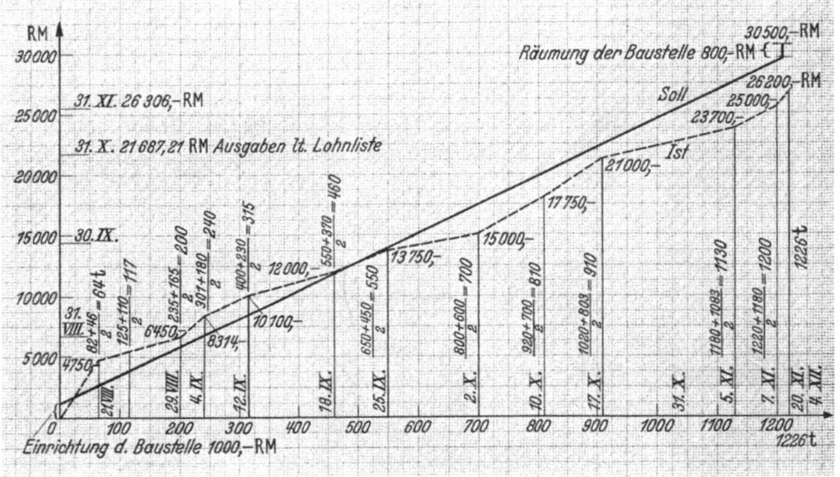

Abb. 106. Lohnüberwachung durch ein Schaubild.

Überwachung erforderlichen Zahlenwerte in Tabellen erhebliche Vorzüge, sie zeigen auf den ersten Blick, ob der verfügbare Lohn an den einzelnen Stichtagen überschritten oder unterschritten ist, ferner kommt verhältnismäßig frühzeitig zum Ausdruck, wie sich die Lohnhöhe voraussichtlich entwickeln wird. Endlich machen sich grobe Unregelmäßigkeiten in der Montage, wie Stockungen in der Belieferung der Baustelle, Betriebsstörungen, Ungunst der Witterung usw. bemerkbar; ein rechtzeitiges Eingreifen wird damit erleichtert. Das Lesen der Schaubilder erfordert sehr geringen Zeitaufwand, was als besonderer Vorteil zu bewerten ist.

Das Schaubild wird zweckmäßig auf Millimeterpapier gezeichnet, es besteht aus zwei Gewicht-Lohnlinien; im obigen Bild gibt die Abszisse das Gewicht in Tonnen und die Ordinate den verausgabten Lohn in Reichsmark an. An Stelle des Geldaufwandes kann, ohne den Wert der Bilder zu beeinträchtigen, der Zeitaufwand treten; durch den Fortfall der Lohnberechnung werden die Eintragungen beschleunigt.

Die erste Linie, die Soll-Linie (ausgezogen gezeichnet), gibt Aufschluß über den verfügbaren Lohn, sie steigt in ihrer einfachsten Form, der geraden Linie von Null bis zum Höchstwert, der sich aus dem Sollgewicht in Tonnen und dem Soll-Lohn je Tonne errechnet, an. Die an den einzelnen Stichtagen verausgabten Gesamtlöhne in Verbindung mit dem am gleichen Tage als fertig montiert anzusehendes Gewicht bestimmen den Verlauf der zweiten Linie, der Ist-Linie (gestrichelt gezeichnet); sie zeigt naturgemäß Knicke. Das als fertig montiert anzusehende Gewicht setzt sich aus dem Gewicht des am Stichtag vollendeten Teil des Baues, der keinerlei Löhne mehr erfordert und dem Gewicht des zwar aufgestellten aber noch unvollendeten Teiles, das nach einem bestimmten Schlüssel abgemindert wird, zusammen. Dieser Schlüssel wird nach der Art des Bauwerkes geschätzt, er bleibt im Einzelfalle bis zur Beendigung der Montage unverändert. Der Versuch, das montierte Gewicht auf einem anderen Wege genauer zu ermitteln, empfiehlt sich nicht, die Erfahrung lehrt, daß die einfache Abminderung des Gewichtes des unvollendeten Teiles ausreicht.

Die Soll-Linie wird von vornherein in ihrem ganzen Verlauf in das Schaubild eingezeichnet, die Ist-Linie wird in regelmäßigen, nicht zu langen Zeitabschnitten, zweckmäßig wöchentlich, nachgetragen.

Will man die von der Baustelle eingehenden Gewichtsangaben nachprüfen, so bedient man sich einer Übersichtsskizze des Baues, in welcher der Zustand der Baustelle an den einzelnen Stichtagen durch farbige Umrahmungen oder Schraffuren kenntlich gemacht ist.

Das in der Abbildung gezeigte Schaubild behandelt eine Halle mit einem Anschlagsgewicht von 1220 t und einem Fertiggewicht von 1226 t; für die Errichtung der Halle war ein Lohn von 25,00 RM. je t, also insgesamt 30500 RM. ausgeworfen. Der Lohn für das Einrichten der Baustelle im Betrage von 1000 RM. und das Räumen in Höhe von 800 RM. ist von dem Gesamtlohn abgetrennt; die Soll-Linie zeigt dementsprechend am Anfang und am Ende einen Knick.

Für die Ist-Linie wurde das an den Stichtagen einzutragende Gewicht bestimmt, in dem das Mittel aus dem Gewicht der gesamten aufgestellten und eingebauten Konstruktionen und dem Gewicht des vollkommen fertiggestellten Teiles des Baues gezogen wurde.

Die Ist-Linie liegt, was begreiflich ist, anfangs oberhalb der Soll-Linie, der veranschlagte Lohn ist überschritten, beim Fortschreiten der Arbeiten durchschneidet die erste Linie die zweite, der verausgabte Lohn sinkt unter den vorgesehenen; die Höhe der Überschreitung bzw. Unterschreitung läßt sich mühelos ablesen. Der weitere Verlauf der beiden Linien zueinander zeigt, nachdem die Montage zur Hälfte erledigt ist, daß der ausgeworfene Lohn nicht voll beansprucht wird und daß eine Ersparnis erwartet werden darf.

In der gleichen geschilderten Form können alle Teillöhne für Einrichten und Räumen der Baustelle, Abladen und Stapeln, Transport, Einbauen usw. oder bestimmte Kosten, wie Betriebskosten, verfolgt werden.

Das angegebene Verfahren wird seiner Einfachheit und Übersichtlichkeit halber warm empfohlen.

Zum Schlusse wird noch die Frage, ob der Stücklohn auf der Baustelle zulässig ist, gestreift, dies muß im großen und ganzen verneint werden. Dem Stücklohn sind Prämien, selbst wenn sie nicht den Lohn, sondern etwa die Fertigstellungsfrist oder Zwischenfristen betreffen, gleichzustellen. Das über die Genauigkeit des Veranschlagens der Löhne Gesagte ist auch für Stückarbeit maßgebend; von bestimmten Ausnahmen abgesehen, ist es kaum möglich, gerechte Stücklöhne, selbst für einfache, übersichtliche Arbeiten wie Abladen, Transport usw. zu finden. Die Montagearbeiten vollziehen sich zum überwiegenden Teil in Kolonnen, deren Leistungen nicht so sehr von der Leistung des einzelnen, wie von dem richtigen Zusammenarbeiten aller und der geschickten Führung abhängen; dies trifft im erweiterten Sinne auch für das Zusammenwirken der Gruppen zu. Klare, gut überlegte Anordnungen, richtige Zusammensetzung der Gruppen ist für einen Erfolg wertvoller als der Anreiz, der in der Stückarbeit liegt, er führt zu leicht zum Überhasten, das der Gefahr Tür und Tor öffnet. Dagegen ist es unbedenklich, Aufreiben und Nieten zu festen Preisen zu vergeben, vorausgesetzt, daß die Arbeitsstellen gefahrlos sind. Schweißen ist immer im Lohn auszuführen, selbst bei Nähten, die für die

Standsicherheit des Bauwerkes belanglos sind, Ausnahmen zu machen, erscheint heute verfrüht.

Als Lohn betrachtet wird eine Reihe von Sondervergütungen, wie Auslösung und Laufzeit. Die Auslösung, die Vergütung des Mehraufwandes für Wohnung und Unterhalt der nicht am Ort der Baustelle ansässigen Belegschaftsmitglieder richtet sich nach den örtlichen Lebensverhältnissen, sie wird nach dem Verdienst abgestuft und für den Kalendertag, nicht für den Arbeitstag, bezahlt.

Sind ungewöhnlich lange Wege zur Baustelle zurückzulegen, so wird je nach den Umständen bei Fahrgelegenheiten das Fahrgeld, beim Fehlen derselben die Zeit für den Hin- und Rückweg, gegebenenfalls Fahrgeld und Zeit gleichzeitig vergütet, der Einfachheit halber wird das Fahrgeld häufig als Lohnstunden verrechnet. In Großstädten und in Industriegebieten häufen sich diese Entschädigungen, ihre Einzelheiten sind in der Regel örtlich festgelegt.

Falls die Entfernung zwischen den Wohnstätten und der Baustelle zu stark anwächst und falls gleichzeitig eine Fahrgelegenheit fehlt, wird zu überlegen sein, ob die Kosten der Fahrgelder und der Laufzeiten durch die Einrichtung eines Omnibusbetriebes zur Beförderung der Belegschaft aufgewogen werden, dabei fällt in die Waagschale, daß die Leistung der Belegschaft durch lange tägliche Wanderungen geschmälert wird.

Unter besonderen Verhältnissen ist die Schaffung einer Speiseanstalt auf der Baustelle, deren Bewirtschaftung entweder in eigener Regie geführt oder einem vertrauenswürdigen Unternehmer übertragen wird, nicht zu umgehen. Ihren Betrieb sollte man stets überwachen und sich ferner einen Einfluß auf die Preise und die Güte des Gebotenen sichern.

Die Unterbringung der Belegschaft auf der Baustelle in Wohnbaracken verursacht durch das Vorhalten der Baulichkeiten und die innere Einrichtung und Ausstattung, wenngleich sie auch einfach sind, und durch die Bedienung usw. hohe Aufwendungen, die niemals durch die Zahlung einer Gebühr in nennenswertem Umfange aufgewogen werden können. Nur in Notfällen und bei langer Dauer der Montage wird man auf diese Aushilfe zurückgreifen, der Omnibusbetrieb bleibt immer vorzuziehen, selbst für den Fall, daß das Vorhalten der Wagen auf Schwierigkeiten stößt, die Fahrzeuge nicht voll ausgenutzt werden können, oder die Belegschaft weit zerstreut wohnt. Vergleichsrechnungen müssen in dieser Hinsicht Klarheit schaffen.

Ob man die Reisekosten — Fahrgelder, Gepäckfrachten, Reiseschichten, Übernachten — der Belegschaftsmitglieder, ebenso die Urlaubsreisen zum Besuch der Familie unter den Begriff der Sonderkosten einreiht, oder ob sie in den Unkosten aufnehmen kann, unterliegt der Entscheidung im Einzelfalle.

Daß die Ausgaben für die ständige Anwesenheit eines Montageingenieurs auf der Baustelle besonders berücksichtigt werden, ist durch die Höhe dieser Kosten begründet, man sollte jedoch noch einen Schritt weiter gehen und, falls die Besichtigungen der einzelnen Baustellen über das übliche Maß hinausgehen, außer den Reisekosten einen entsprechenden Gehaltsanteil verrechnen, ohne dabei ins Kleinliche zu verfallen. Man muß sich immer wieder vor Augen halten, daß nur die weitestgehende Erfassung aller Ausgaben ein richtiges Bild der Montagekosten gewährleistet.

Die Kosten des Maschinenbetriebes wachsen an Bedeutung je größer der Umfang der Niet- und Schweißarbeiten wird, sie sind entscheidend für die Wahl der Antriebskraft. Das Fehlen von Vergleichswerten aus früheren Ausführungen zwingt bei Nietarbeiten zu Schätzungen, die an Sicherheit gewinnen, sobald die Zahl der Nieten bekannt ist, man errechnet in diesem Falle aus den zu erwartenden Leistungen der Nietmannschaften die Zahl der Kompressortage und kann dann an Hand derselben die Betriebskosten für die zur Verfügung stehenden Antriebsarten errechnen und vergleichen; dabei darf der sehr ungünstige Einfluß des Leerlaufes der Kompressoren nicht unbeachtet bleiben, bei Schweißmaschinen ist der Leerlauf unwesentlich. Der Stromverbrauch beim Schweißen ist auf das Kilogramm verschmolzene Schweißdraht bezogen, eine Größe, die nur wenig schwankt, er läßt sich, sobald die Länge und die Querschnitte der Nähte bekannt sind, hinreichend genau errechnen.

Die reinen Betriebskosten je PS- bzw. kW-Stunde einschließlich der Nebenkosten, bei Dampfantrieb die Aufwendungen für Transport, Aufstellen und Abbauen der gesamten Anlagen und die Wasserbeschaffung, bei Fremdstrom die Ausgaben für die Leitungsanlage, Transformatorenmieten usw. ermöglichen in Verbindung mit den Betriebstagen im Einzelfalle die Wahl des wirtschaftlichsten Antriebes.

Ob beim Hochbau ohne Niet- und Schweißarbeiten die Elektrowinde dem Handantrieb vorzuziehen ist, hängt weniger von den Strompreisen als von den schon erwähnten Nebenkosten ab. Es genügt die zu erwartenden Ersparnisse an Arbeitskräften mit den Nebenkosten zu vergleichen, um zu einer zutreffenden Entscheidung zu kommen, zumal bei dem geringen Stromverbrauch der Winden der Vorteil aus der Beschleunigung der Arbeit nicht außer Acht bleiben darf.

Alle Überlegungen bleiben ohne Wirkung, sofern die Baustelle ohne Rücksicht darauf, ob die Kraftkosten gesondert oder in den Unkosten verrechnet werden, nicht zur Sparsamkeit angehalten wird und eine laufende Überwachung der Kosten stattfindet.

Die Prämie der Versicherung gegen Haftpflicht und Schäden bei der Montage ist gering, sie wird daher mit Recht in die Unkosten aufgenommen. Dagegen zählt die Versicherung für Arbeiten mit außergewöhnlichem Wagnis — erwähnt sei das Verschwimmen von Brücken, das Hochziehen schwerer Verladebrücken usw. — zu den Sonderkosten, sie ist entsprechend zu behandeln.

Umsatzsteuer, Abgaben und ähnliches müssen als Sonderkosten behandelt werden.

Ausgaben, die unmittelbar mit dem Lohn zusammenhängen, wie die sozialen Ausgaben, also Beiträge zur Krankenkasse, Berufsgenossenschaft, Altersversicherung und freiwillige soziale Leistungen, ferner alle Aufwendungen, deren genaue Verbuchung auf die einzelnen Montagen nur mit unverhältnismäßigen Kosten verknüpft oder unmöglich ist, werden als Unkosten verrechnet.

Unter die Unkosten fallen weiter die Aufwendungen für das Montagebüro, die Gehälter jedoch nur insoweit, als sie nicht einzelnen Baustellen belastet werden, die Ausgaben für das Lagern, Instandhalten und Ergänzen der Ausrüstungen, die Abschreibungen, ferner anteilig die Kosten der Lohnbüros und des kaufmännischen Büros und der Werksleitung, der Steuern, der Berufsvertretung usw.

Die Montagekosten setzen sich aus einer Reihe von Einzelheiten zusammen, ein Teil derselben ist ziemlich scharf erfaßbar, nur ein Teil derselben bleibt der Schätzung unterworfen. Die Trennung der Kosten der ausgeführten Montagen in der gezeigten Weise und die sinngemäße Auswertung der Ergebnisse geben allen Veranschlagungen die wünschenswerte Sicherheit und dämmen Fehlschläge ein; die aufgewandte Mühe und Kosten werden, auf die Dauer gesehen, stets ersprießlich sein.

Bazali-Baumeister, Preisermittlung und Veranschlagung von Hoch-, Tief- und Eisenbetonbauten. Ein Hilfs- und Nachschlagebuch zum Veranschlagen von Erd-, Straßen-, Wasser- und Brücken-, Eisenbeton-, Maurer- und Zimmerarbeiten. Siebente, neubearbeitete und erweiterte Auflage. Von Regierungsbaumeister a. D. Dr.-Ing. **Ludwig Baumeister.** Mit 116 Abbildungen. VII, 431 Seiten. 1938.　　　　　　　　　　　　　　　　　Gebunden RM 24.—

Material- und Zeitaufwand bei Bauarbeiten. Tabellen zur Ermittlung und Überprüfung der Kosten von Erd-, Maurer-, Putz-, Estrich- und Fliesen-, Asphalt-, Dichtungs- (Isolierungs-), Beton- und Eisenbeton-, Zimmerer-, Dachdecker-, Spengler- (Klempner-), Tischler- (Schreiner-), Beschlag-, Glaser-, Maler-, Anstreicher-, Klebe-, Hafner- (Ofen- und Herdsetzer), Entwässerungs-, Brunnenmacher-Arbeiten. Von **Arnold Ilkow,** Zivilingenieur für das Bauwesen und Baumeister. Vierte, verbesserte und vermehrte Auflage. V, 100 Seiten. 1936. (Verlag von Julius Springer-Wien.)　　　　　　　　　　　　　　　　　　　　　　　　　　　　　　RM 4.80

Junk-Herzka, Der Bauratgeber. Handbuch für das gesamte Baugewerbe und seine Grenzgebiete. Neunte, vollständig neubearbeitete und wesentlich ergänzte Auflage. Herausgegeben unter Mitwirkung hervorragender Fachleute aus der Praxis von Ingenieur **Leopold Herzka,** Wien. Mit zahlreichen Tabellen und 724 Abbildungen im Text. XVI, 785 und 35 Seiten. 1931. (Verlag von Julius Springer-Wien.)　　　　　　　　　　　　　　　　　　　　　　　　　　　　Gebunden RM 38.50

Allgemeine Baubetriebslehre. Von Zivilingenieur Dozent **Maximilian Soeser,** Wien. Mit 89 Textabbildungen. V, 277 Seiten. 1930. (Verlag von Julius Springer-Wien.)　　　　　　　　　　　　　　　　　　　　　Gebunden RM 18.60

Handbuch des Maschinenwesens beim Baubetrieb. Herausgegeben von Professor Dr. **Georg Garbotz** VDI, Berlin.

Erster Band. 1. Teil: Die Einrichtung und der Betrieb maschinell arbeitender Baustellen. Von Oberingenieur Priv.-Doz. Dr.-Ing. **Otto Walch,** Berlin. 2. Teil: Die Verwaltung und Instandhaltung der Geräte und Baustoffe. Von Professor Dr. **Georg Garbotz** VDI, Berlin. Mit 313 Textabbildungen. VIII, 448 Seiten. 1931.　　　　　　　　　　　　　　　　　　Gebunden RM 58.—

Dritter Band: Die Geräte für Erd- und Felsbewegungen. 1. Teil: Die maschinellen Hilfsmittel für das Lösen, Laden und Einbringen der Massen bei Trocken-, Erd- und Felsbewegungen (Bagger und Kippen-Geräte). Von Professor Dr. **Georg Garbotz** VDI, Berlin, unter Mitarbeit von Direktor Dr.-Ing. Theodor Krauth, Karlsruhe, und Dr.-Ing. W. Franke VDI, Dresden. Mit 900 Textabbildungen, Tabellen, Mustern und 11 Tafeln. X, 652 Seiten. 1937.　　　　　　　　　　　　　　　　　　　　　　　　　　　　　Gebunden RM 96.—

(Der 2. Teil des dritten Bandes erschien im VDI-Verlag, Berlin.)

Winden und Krane. Aufbau, Berechnung und Konstruktion. Für Studierende und Ingenieure bearbeitet von Dipl.-Ing. **R. Hänchen,** Berlin. Mit 1018 Textabbildungen. X, 495 Seiten. 1932.　　　　　　　　　　　Gebunden RM 48.—
(Das Werk ist auch in Einzelheften lieferbar.)

Die Drahtseile in der Praxis. Von Oberingenieur Dipl.-Ing. **Richard Meebold,** Saarbrücken. Mit 75 Abbildungen im Text. IV, 68 Seiten. 1938. RM 6.60

Grundlagen des Aufzugsbaues mit Berücksichtigung der Aufzugsverordnung vom Jahre 1926. Von Oberregierungsrat Dr. **M. Paetzold,** Mitglied des Reichspatentamts. Mit 165 Abbildungen im Text. V, 172 Seiten. 1927. Gebunden RM 18.—
Nachtrag und Anhang: Änderungen der „Technischen Grundsätze für den Bau von Aufzügen" seit 1926. Von Dipl.-Ing. **Fritz Köhler,** Regierungsrat des Reichspatentamts. Mit 50 Abbildungen im Text. IV, 37 Seiten. 1936.　　　　　RM 6.60